基于机器学习的智能频谱决策

吴克宇◎编著

U0425385

国防工业出版社

·北京·

内 容 简 介

本书围绕先进无线通信系统中的频谱感知决策、协同频谱感知决策、宽带频谱感知决策和频谱接入决策等典型场景，介绍了机器学习方法赋能频谱决策的基本原理、关键技术和应用效果。

本书主要面向在认知无线电和频谱管理领域工作的研究人员、工程师以及研究生，也适合其他领域希望深入了解通过机器学习技术提高频谱利用效率和优化频谱决策过程的研究人员和专业人士。

图书在版编目(CIP)数据

基于机器学习的智能频谱决策/吴克宇编著.
北京:国防工业出版社,2024. 9. -- ISBN 978-7-118-13456-8

Ⅰ. TN92

中国国家版本馆 CIP 数据核字第 202415G6B9 号

※

国防工业出版社出版发行

(北京市海淀区紫竹院南路 23 号　邮政编码 100048)

北京凌奇印刷有限责任公司印刷

新华书店经售

*

开本 710×1000　1/16　**印张** 8¼　**字数** 150 千字

2024 年 9 月第 1 版第 1 次印刷　**印数** 1—1300 册　**定价** 78.00 元

(本书如有印装错误,我社负责调换)

国防书店:(010)88540777　书店传真:(010)88540776

发行业务:(010)88540717　发行传真:(010)88540762

前　言

在当今技术快速进步的时代,电磁频谱的感知和利用已成为无线通信领域的关键环节。电磁频谱是一种稀缺且宝贵的资源,其有效管理与优化利用对于满足日益增长的无线通信需求至关重要。随着智能设备的普及和物联网技术的快速发展,对频谱资源的需求呈指数级增长,这使得传统的频谱管理方法面临着巨大的挑战。除了民用领域,电磁空间在军事中的重要性正随着科技的发展而显得日益重要。美国国防部将“电磁空间”定义为继“陆、海、空、天、赛博空间”之后的第六作战域。未来的军事发展将会面临来自电磁空间日益激烈的竞争压力,随着信息化程度的提高和对抗的加剧,电磁空间所面临的动态性和复杂性将进一步提升。有效的战场频谱管理是确保电磁空间竞争优势的关键。

认知无线电可以很好地解决民事和军事对电磁频谱资源的管理和使用问题。认知无线电应用于无线通信网络,可以有效提升频谱利用效率,其中动态频谱接入是最广为人知的应用方式。其中,认知用户可通过临时使用未被占用的频谱以提高整体利用效率。同时,认知无线电也是提高战场电磁频谱管理的有效途径,通过认识能力提升赋能战场射频装备,使其能够自主地在大动态范围频谱空间进行搜索感知,并根据感知结果自适应地调整自己的用频过程,确保各子系统间的频率协同与共享,并有效地规避敌方干扰,从而实现对战场频谱资源的智能管理。

随着应用场景的拓展和演化,认知无线电中的频谱决策面临着越来越高的复杂性,包括多样的感知环境、性质各异的无线信道、更大范围的感知带宽、覆盖范围更广的认知网络等,然而当前的频谱感知技术在面临这些场景时还有诸多问题需要解决。例如,在环境模型未知条件下的频谱检测随着感知任务范围的扩宽,感知节点可能需要对大量性质各异的信号和环境进行感知与监测。而经典的频谱感知方法依赖于利用环境模型信息,包括信道和信号的模型与参数等。由于准确环境模型的构建需要大量的建模和参数测算工作,因此对所有潜在感知场景进行准确建模的难度很大。又如,针对大空间尺度下的协同频谱感知对认知无线电网络至关重要,它能够通过融合多个分布在不同空间位置节点的感知数据以有效克服非理想无线信道的影响,提高检测的鲁棒性。然而,随着无线网络的空间覆盖范围的不断扩宽,参与协同感知的节点频谱状态将可能不完全相同。在这种频谱状态异构的场景中,经典的协同感知理论难以直接应用,必须进一步研究频谱异构场景中的感知数据融合和频谱状态决策问题。

随着硬件能力、计算科学和大数据技术的发展，借由机器学习方法，很多科学与工程中的复杂问题已能通过强大算法和计算能力得到很好的解决。机器学习技术的应用将对无线频谱资源的管理和使用产生深刻的变革与影响。例如，国际电信联盟正式成立了“未来网络 - 机器学习焦点组”，重点研究机器学习、人工智能在无线通信中的应用，使未来无线网络能够具备一定的自动化和智能化能力。以机器学习技术为驱动，实现对频谱资源更智能、更高效的管理与利用是无线网络未来发展的趋势。综合运用机器学习中的数据挖掘、数据融合、优化搜索等技术，为解决复杂电磁环境中的频谱感知问题带来新的思路和机会。本书将结合认知无线电中的典型场景，介绍机器学习方法赋能频谱决策的基本原理、关键技术和应用效果。

本书在编写过程中参考了国内外许多学者的著作、论文，引用了其中的观点、数据和结论，在此一并表示感谢。同时，本书的出版得到了国防工业出版社的大力支持，在此致以深深的谢意。

由于作者学识有限，书中的偏颇或不妥之处，敬请读者批评指正。

作　者

2024 年 4 月

目　　录

第1章　绪　论

1.1　新一代无线通信技术

在过去的一个世纪中，无线通信技术经历了从无线电报到高速互联网的跨越式发展，这种变革不仅是技术进步的见证，更是现代社会运作方式变革的核心推动力。无线通信的起源可以追溯到19世纪末，当时马可尼(Marconi)首次实现了跨越英吉利海峡的无线电报传输。从那时起，无线通信的发展就伴随着人类社会的每一次重大变革。

在早期阶段，无线通信主要应用于军事和海上通信领域，这一阶段的代表性成就包括无线电和雷达技术的发展。然而，随着技术的进步和社会需求的增长，无线通信逐渐从专业领域扩展到了公众生活。20世纪中期以后，无线通信开始影响普通人的日常生活，最初体现在无线广播和电视的普及上。进入21世纪，智能手机和无线互联网的出现，更是将无线通信推向了一个新的高度。无线通信技术的飞速发展，为全球信息化奠定了基础。无线通信技术不仅极大地提升了信息传输的效率，还改变了信息处理和接收的方式。无论是在商业交易、紧急救援、远程教育，还是在日常生活的社交互动中，无线通信技术都发挥着至关重要的作用。这一技术的普及和发展，不仅促进了全球经济的增长，也改善了人们的生活质量，使信息交流更加快捷、高效。

相比于当前的信息服务效率，新一代无线通信技术(5G and beyond)可以极大地提高数据传输速率和带宽容量。由于移动应用和服务的深度普及，用户对于高速数据传输的需求不断增加。新一代无线通信技术通过采用更高的频谱带宽、更高的调制方式和更先进的信号处理技术，能够实现千兆级别甚至更高的数据传输速率。例如，为了支持数据密集型应用，包括流媒体视频、在线游戏和虚拟现实(Virtual Reality，VR)，第五代移动通信技术(5th Generation Mobile Commuication Technology，5G)保证比第四代移动通信技术(4th Generation Mobile Commuication Technology，4G)的数据速率高1000倍，达到(1～10)Gb/s的数据率。除了以人为中心的应用，包括物联网和自动驾驶汽车在内的机器通信(Machine Communication)也是5G的重要应用场景。机器通信可能涉及大量的通信设备，如传感器或元件。根据5G系统容量，5G预计能够实现每平方千米范围内

100 万个连接的水平。此外，为了实现对延迟敏感型(latency - critical)应用(如车对车通信或工业控制)，5G 的通信延迟均为 4G 的 1/10，达到 1ms 量级。新一代无线通信技术在很多领域都有着重要的应用，对相关行业的发展起着重要支撑作用。

新一代无线通信技术是物联网发展的重要推动力[1]。例如，首先，5G 具有较高的网络容量，能够支持大量的传感器和设备同时连接，这对于智慧城市、智能交通、智能工厂等应用场景至关重要[2]。其次，物联网设备需要快速响应，5G 可以提供毫秒级甚至微秒级的延迟，从而确保物联网设备能够迅速响应并实时交互。另外，5G 技术可以提供极高的数据传输速率，使得大量的数据能够迅速而准确地传输，这对于物联网设备之间的通信尤为重要。同时，5G 的边缘计算能力可以将数据处理和分析的任务更接近数据源，从而提高物联网应用的实时性，这对于需要实时数据分析的应用，如自动驾驶、远程医疗等，具有极大的价值。网络切片技术也是新一代无线通信技术的一大优势，它允许为不同的物联网应用创建专用的网络资源，确保每个应用的性能和稳定性。最后，5G 具有更强的安全性能，这对于保护物联网设备和数据的安全尤为重要。因此，新一代无线通信技术对于物联网的发展具有深远的影响，将推动物联网技术在各个领域得到更广泛、更深入的应用。

新一代无线通信技术对虚拟现实领域的未来应用带来了巨大的潜力和机遇。首先，VR 应用需要极低的延迟，因为任何延迟都会影响用户的体验，可能导致眩晕或不适。新一代无线通信技术可以提供毫秒级甚至微秒级的低延迟，从而实现更为真实的、沉浸式的 VR 体验。其次，VR 应用通常需要传输大量的数据，如高清视频流、三维图像和实时交互数据。新一代无线通信技术的高数据传输速率可以确保这些数据能够迅速且准确地传输，从而提高 VR 应用的性能和用户体验。再次，随着 VR 设备和应用的普及，网络将会面临更大的连接压力。新一代无线通信技术能够支持更多设备的连接，确保网络的稳定性和可靠性。此外，新一代无线通信技术还可以支持边缘计算，并进一步减少数据的传输延迟，提高 VR 应用的实时性。最后，网络切片技术可以为不同的 VR 应用创建专用的网络资源，确保应用的性能和稳定性。综上所述，新一代无线通信技术将会对虚拟现实领域的未来发展起到重要的推动作用，为用户提供更加出色的、沉浸式的体验。

新一代无线通信技术在无人驾驶领域具有巨大的应用价值。无人驾驶车辆(Autonomous Vehicle，AV)需要实时获取和处理大量的数据，包括车辆的位置、速度、方向、周围环境的情况等。这些数据需要通过无线通信网络实时传输到汽车的控制系统，或者传输到云端的服务器进行处理。因此，无线通信技术的性能对于无人驾驶汽车的性能和安全是至关重要的，提供无缝的通信、高速数据传输、超低延迟和高可靠性。这些技术的特性对于实时的车辆对车辆(Vehicle to Vehicle,V2V)和车辆对基础设施(Vehicle to Infrastructure,V2I)通信至关重要。高速数据传输允许无人驾驶车辆快速发送和接收大量数据,这对于实时导航、环境感知和决策制定至关重要。超低延迟确保无人驾驶车辆可以在毫秒级时间内接收和响应来自其他车辆或基础设施的信息,关乎紧急情况下的避碰、紧急制动和车道变更等操作。高可靠性保证了通信的连续性和稳定性,可保证无人驾驶车辆的安全运行和事故避免。大量设备连接特性意味着网络可以同时支持大量无人驾驶车辆的通信,而网络切片可以为不同的无人驾驶车辆应用分配专用的网络资源,以确保每个应用的性能和稳定性。此外,其边缘计算能力可有效减少数据的传输延迟和处理时间,从而提高无人驾驶车辆的实时性能和响应速度。最后,新一代无线通信技术还具有更强的安全性能,可以保护无人驾驶车辆的通信和数据安全,避免被恶意攻击。目前,5G 技术与无人驾驶车辆的结合已经在一些国家和地区得到了深入发展,进行了大量测试。例如,中国的华为、欧洲的爱立信、美国的高通等公司都在这方面进行了大量的研究和开发。综合来看,新一代无线通信技术将为无人驾驶带来巨大优势,将推动无人驾驶的未来发展,使得无人驾驶车辆的运行更加高效、安全和灵活。

可见,新一代无线通信技术的更高数据传输速率、超低延迟、大容量、网络切片、边缘计算和更强安全性等特性,使其在其他众多应用领域也有着显著潜力,如未来远程医疗、在线教育、远程控制、智慧城市、工业自动化、应急响应等领域也将迎来新机遇,深入发展,产生变革性效益。另外,应用领域的快速发展,对技术可靠性、稳定性、安全性的深入需求,又将推动无线通信系统技术的进一步发展,形成一个良性的互动循环。

1.2 无线通信系统中频谱考量

无线电频谱是未来无线通信技术发展和网络服务的关键基础,是传递和传输信息的媒介,支撑着现代社会中各种无线通信和网络服务的运行。无线电频谱或称无线频谱(Wireless Spectrum),是指具有一定频率、波长、带宽的无线电波,是无线通信最重要的非传统自然资源之一。关于“无线电频谱”的定义,《中国军事通信百科全书 · 无线电管理分册》指出:无线电频谱是无线电波的全部频率范围内,电磁频谱中 3000GHz 以下的部分。因此,无线电频谱是指可被利用的无线电频率排列起来所形成的集合(组合/统称)。目前,之所以限定在 3000GHz 以下,是因为人类暂时只能利用这一部分的频率。无线电频谱分成多个子范围或频段,每个频段可以用于不同的无线业务。从移动通信到无线宽带,从物联网到智慧城市,几乎所有的无线通信和网络服务都依赖于频谱资源。它是实现人们信息交流和互联互通的媒介，支持着语音、数据、图像和视频等多种形式的信息传输。

随着技术的发展和无线设备的普及，对频谱的需求正在迅速增加，导致频谱资源变得更加紧张。当前无线频谱已经分配给不同的无线应用（如电信、电视、无线电、雷达、导航等）。对无线频谱需求的增加是由于移动设备的普及、物联网的发展、5G 通信技术的部署、自动驾驶汽车的推进，以及无人机等新兴技术的广泛应用。这些应用对于低延迟、高速率和高可靠性的通信有很高的要求，因此对频谱的需求也相应增加。此外，随着全球的城市化进程，人口密集地区的通信需求也在迅速增加，这对频谱资源的需求造成了进一步的压力。另外，由于频谱资源的有限性，不同的服务和应用之间可能会发生干扰，这需要进行严格的频谱管理和协调。无线频谱的合理管理和分配对于保障通信质量和网络性能至关重要。频谱资源的稀缺性意味着需要在有限的频谱资源中满足不断增长的通信需求。通过科学的频谱规划、合理的频谱分配和调度，可以避免频谱拥塞、干扰和资源浪费，提高通信的可靠性、稳定性和效率。

当下，获得 5G 使用的额外频谱波段非常困难且昂贵。例如，处于 600MHz 频率的用于电视广播的 70MHz 频谱带已重新分配给 5G 使用，该频段的拍卖成本高达 198 亿美元。虽然从毫米波范围（24 ~ 84GHz）获得几个新的频谱波段是有希望的，但由于传播特性较差，毫米波频段主要用于实现满足局部通信“热点”（如体育场或城市地区）的极端带宽要求。但是，在许多 5G 应用场景，包括连接广泛部署的设备、提供必要的容量和支持用户移动性，则仍主要依赖于 6GHz 以下的频谱。总之，新一代无线通信技术的发展受到频谱紧缩（尤其是低于 6GHz）的限制，因此，提高频谱使用效率是未来无线通信技术成功的关键。

另外，在军事领域中，围绕电磁频谱的应用和管理也是双方竞争的核心。电磁频谱是电磁频谱战中最关键的资源。在现代战争中，几乎所有的通信、定位和导航系统都依赖于电磁波的传输。因此，控制电磁频谱意味着控制了信息流和战场上的战术优势。电磁频谱在战争中的几个关键方面：①通信控制：在战场上，能够控制通信频谱意味着能够保障己方通信的畅通无阻，同时阻断或干扰敌方的通信系统。②雷达和侦察：雷达系统依赖于电磁波来探测和追踪目标。控制相关的频谱可以保护己方的隐身能力，同时破坏敌方的侦察和监视能力。③数据战：在现代战争中，大量的数据和信息通过无线网络传输。控制这些频道可以截获、分析或篡改敌方的关键信息。④武器系统的指挥与控制：许多先进的武器系统，包括导弹和无人机，依赖于电磁信号进行指挥和控制。控制电磁频谱可以有效地防御或启用这些系统。⑤心理战和信息战：电磁频谱的控制还可以用于传播信息或进行心理战，如通过广播或电视信号向敌方传播特定的信息。近年来，军事强国围绕电磁频谱竞争和对抗提出了很多作战概念，如美军提出了电磁频谱战(Electromagnetic Spectrum Warfare,ESW)的作战样式[3],它是一个涉及使用电磁频谱(Electromagnetic Spectrum,EMS)来进行军事行动的概念。这种战争形式包括利用电磁能量来攻击敌方设备,保护己方设备免受电磁攻击,以及控制电磁频谱的使用权。电磁频谱战是现代战争的关键组成部分,它涵盖了电子战(Electronic Warfare,EW)、网络战(Cyber Warfare,CW)和其他与电磁频谱相关的行动。

1.3 认知无线电与频谱决策

认知无线电(Cognitive Radio,CR)是一种先进的无线通信技术,首次由 Joseph Mitola 在其 1999 年的博士论文中提出[4]。认知无线电通过使无线电设备能够感知周围环境,并根据环境的变化自动调整其操作参数(如频率、功率和调制方式),从而提升对电磁频谱状态的感知和利用能力。

认知无线电的基本架构包含主用户(Primary User,PU)、次用户(Secondary User,SU)、空闲频谱(Idle Spectrum,IS)和动态频谱接入(Dynamic Spectrum Access,DSA)等概念。

(1)主用户。主用户是指在电磁频谱中拥有某个特定频段使用权的用户。通常,这些用户是通过政府机构的正式分配获得频谱使用权的,如电视广播站或军事通信。在认知无线电的环境中,主用户的通信优先级最高,其他用户必须确保其通信活动不干扰主用户。

(2)次用户。次用户或称为认知无线节点,在认知无线电系统中指那些无固定频谱分配的用户。它们能够利用当前未被主用户使用的频段,即所谓的空闲频谱进行通信。次用户必须具备能力在主用户开始使用频段时立即让出频率,以避免干扰。

(3)空闲频谱。空闲频谱是指在特定时间和地点未被主用户使用的频谱。这部分频谱代表了未被充分利用的资源,是认知无线电技术的关键利用对象。空闲频谱的存在为次用户提供了临时的通信机会。

(4)动态频谱接入。动态频谱接入是认知无线电的一项核心技术,它允许次用户动态地访问空闲频谱。这种接入方式要求认知无线电设备能够实时感知频谱使用情况,并根据可用性进行频谱的选择和切换。动态频谱接入的目标是最大化频谱利用率,同时保护主用户不受干扰。

在 SU 执行动态频谱接入的过程中,频谱感知(Spectrum Sensing,SS)和频谱接入(Spectrum Access,SA)是两个核心的决策环节。首先,频谱感知是认知无线电系统识别周围无线频谱环境并检测空闲频谱的能力。它是动态频谱接入的第一步,对于保护 PU 免受干扰至关重要。认知无线电设备通过各种技术(如能量检测、特征检测）来监测频谱，并分析判断哪些频段正在使用，哪些处于空闲状态。这要求 SU 能够克服环境噪声和信号变化带来的影响，并快速准确地识别空闲频谱，以便能够最大化地利用检测到的空闲频谱资源。另外，频谱接入是指认知无线电设备在检测到空闲频谱后，选择并接入这些频段进行通信的过程。它确保了次用户可以有效利用未被占用的频谱资源。一旦检测到空闲频谱，认知无线电设备就会根据一系列因素（如信号强度、干扰水平）选择最合适的频段。设备可能会使用多个频段，或在需要时迅速切换频段，以优化通信效率。它要求此用户必须确保在主用户返回其频段时能够迅速撤离，避免干扰，并在保持通信质量的同时，有效管理频谱的使用，以最大化资源利用。

本书将介绍“频谱感知”和“频谱接入”决策问题设定和解决方法。特别地，本书将着重讨论如何在相关环节融入先进的机器学习（Machine Learning，ML）方法，以提升决策效率和效果。

第 2 章将介绍认知无线电节点进行频谱感知决策问题，并介绍基于信号检测的传统无线频谱感知决策方法，以及基于机器学习的智能频谱感知决策方法。同时，针对频谱感知过程中环境变化、数据样本稀少等问题，介绍基于深度元学习的智能频谱感知方法，其可以通过使用在不同环境下进行采样生成预训练模型，以及结合少量的真实标签数据快速生成感知决策模型，从而实现快速高效的频谱感知决策。

第 3 章将介绍认知无线电网络利用多认知无线电节点的感知信息进行协同频谱感知（Cooperative Spectrum Sensing，CSS）的问题。针对协同频谱感知决策问题的计算复杂性，讨论结合概率图模型（Probabilistic Graphical Model，PGM）对 CSS 决策问题进行建模的方法。进一步地，分别介绍基于 message passing 算法和图割算法的问题求解方法，并对比算法的优缺点和应用场景。

第 4 章将介绍宽带认知无线电场景下的频谱快速搜索问题。针对多信道系统中频谱状态的搜索决策问题，研究基于马尔可夫决策模型（Markov Decision Process，MDP）建模的方法。同时，针对搜索宽带搜索动作空间是否存在约束，分别讨论基于贝叶斯实验设计（Bayesian Experimental Design，BED）和基于深度强化学习（Deep Reinforcement Learning，DRL）方法的问题求解策略。

第 5 章将介绍认知无线电系统中的频谱接入决策问题。围绕最大化通信效率的目标，讨论基于 MDP 模型的最优频谱接入建模方法。具体地，针对基于数据重要性考虑的频谱接入问题和融合感知代价的频谱接入问题，分别讨论相关强化学习方法以进行频谱接入决策的求解。

第2章　智能频谱感知决策

随着无线通信技术的飞速发展，对频谱资源的需求日益增长，但由于频谱资源的有限和分配上的不均衡，导致在某些频段和地区，实际的频谱利用率远低于理想水平。为解决这一问题，频谱感知技术应运而生，其主要目标是有效检测无线频谱中的空闲频段，即没有被占用的频段，以实现动态频谱接入，从而提高频谱的整体利用效率。

频谱感知决策，是指 SU 根据感知输入来决策所感知频谱的状态，如图 2－1 所示。用 H_0 表示频谱处于“闲”状态，即 PU 未传输信息；H_1 表示频谱处于“忙”状态，即 PU 在对应频段传输信息。因此，在不同的频谱状态下，SU 获取的感知输入可以表示为

$$\begin{cases} H_0: y(n) = w(n) \\ H_1: y(n) = s(n) + w(n) \end{cases} \tag{2-1}$$

式中：$s(n)$ 表示 PU 的传输信号；$w(n)$ 表示无线噪声。而频谱感知决策，则是利用感知输入 $y(n)$ 来推断所对应的频谱状态。

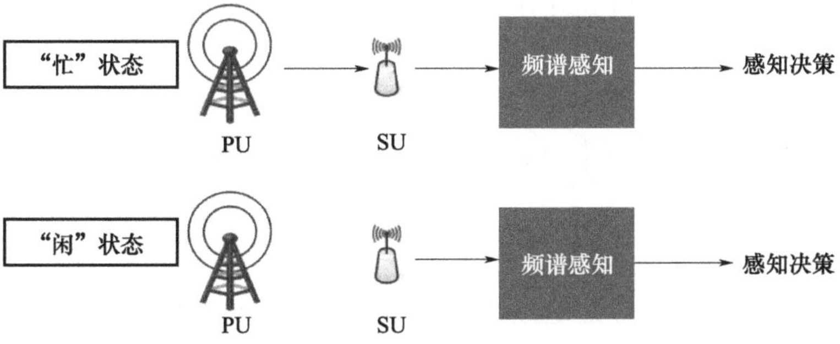

图 2－1　频谱感知决策问题

传统的频谱感知决策过程中使用不同的 $s(n)$ 或 $w(n)$ 的信号特征来进行判断所处的频谱状态。传统频谱感知技术主要包含能量检测、循环平稳特征检测、匹配滤波检测和波形检测等手段。能量检测基于信号能量进行检测，其假设主用户信号的能量会显著高于环境噪声水平。循环平稳特征检测利用主用户信号中可能包含的调制特征、载波频率和相位偏移等周期性特征，用于区分它们与噪声或非周期性信号。匹配滤波检测依赖于对主用户波形的精确先验知识，通过

设计与主用户信号的预期波形一致的匹配滤波器以最大化检测的信号噪声比。波形检测依赖于信号的波形特性,如调制方式、符号结构和时频特性,以试图识别特定的波形模式或调制特征。

由于传统的频谱感知技术依赖于主用户信号特征,当环境信号复杂变化时,往往难以预先确定相关的检测特征和检测模型。未来解决该难题,基于机器学习的频谱感知方法开始受到越来越多的关注。这些方法能够从感知数据直接学习频谱状态的检测模型,通常不依赖于显式的信号特征。特别是以卷积神经网络(Convolutional Neural Network,CNN)、长短时记忆网络(Long Short Term Memory,LSTM)的深度学习方法,能自动从感知数据中提取检测特征生成感知模型,从而在低信噪比环境下提供比传统方法更准确的频谱检测性能。

2.1 频谱感知决策方法

2.1.1 传统无线频谱决策方法

1. 基于能量检测的频谱感知方法

基于能量检测的频谱感知方法是在认知无线电领域中用于检测无线电频谱中是否存在主用户信号的一种方法。这种方法的基本原理是通过测量和分析无线电频谱中的信号能量来判断是否存在主用户信号。能量检测器通过测量接收信号的能量,并将其与预设的门限值进行比较来判断频谱是否被占用。如果测量到的能量超过门限值,就认为频谱被主用户占用。

信号能量的测量通常涉及对接收到的信号进行平方和积分。在数学上,信号的能量可以表示为 $E = \int_T |y(t)|^2 \mathrm{d}t$,其中 E 是信号能量,$y(t)$ 是接收到的信号,T 是观测时间。这个过程涉及将信号的瞬时功率在观测时间内积累起来,以获得整体的能量度量。

能量检测器的判决准则是将测量到的能量与一个门限值 λ 进行比较。如果测量能量超过这个门限值,则判定频谱被占用。数学上,这可以表示为如果 $E > \lambda$ 则判定为 H_1(即主用户存在),如果 $E \leqslant \lambda$ 则判定为 H_0(即无主用户)。其中,H_1 和 H_0 分别代表主用户存在和不存在的假设。

门限值 λ 的选择是一个关键的步骤,因为它直接影响频谱感知的性能。这个门限值取决于多种因素,包括环境噪声水平、系统的误报率和漏检率要求等。一个过高的门限值可能导致高漏检率,而一个过低的门限值则可能导致高误报率。

性能指标包括误报概率和漏检概率,这些都是评估能量检测方法有效性的重要指标。误报概率是在无主用户的情况下错误判定为主用户存在的概率,而漏检概率是在主用户存在的情况下错误判定为无主用户的概率。基于能量检测的频谱感知方法因其实现简单和计算需求低而备受青睐,但它对噪声水平非常敏感,且在低信噪比环境下性能可能会下降。

2. 基于循环平稳特征检测的频谱感知方法

基于循环平稳特征检测的频谱感知方法是一种在认知无线电领域用来检测无线电频谱中主用户信号的高级技术。不同于简单的能量检测方法,循环平稳特征检测法利用的是通信信号固有的周期性统计特征,这些特征不会在噪声中出现。循环平稳特征检测的关键在于信号的循环谱分析。在通信系统中,许多信号(如调制信号)表现出循环平稳性质,即它们的统计特性随时间的变化而周期性变化。这种周期性可以通过循环谱密度函数来捕捉,该函数定义为

$$S_x(\alpha,f) = \int_{-\infty}^{\infty} R_x(\tau,f)\mathrm{e}^{-\mathrm{j}2\pi\alpha\tau}\mathrm{d}\tau \tag{2-2}$$

式中:$R_x(\tau,f)$为信号$x(t)$在频率f处的时间延迟τ的自相关函数;α为循环频率。对于循环平稳信号,循环谱密度在某些循环频率α上不为零。

循环特征检测方法的核心步骤是计算接收信号的循环谱密度函数,并检测特定循环频率上的峰值。如果这些峰值存在,则可以认为频谱中存在主用户信号。相比于能量检测,这种方法的优点是不受噪声水平的影响,因为噪声通常是非循环平稳的,其循环谱密度在任何循环频率上都接近于零。

在实际应用中,通过估计循环谱密度函数并检测其在特定循环频率上的峰值来实现频谱感知。这通常涉及复杂的计算,包括傅里叶变换和相关函数的估计。此外,这种方法对于信号的统计特性和结构有一定的依赖性,这意味着它在检测某些类型的信号时更为有效。

3. 基于匹配滤波检测的频谱感知方法

基于匹配滤波检测的频谱感知方法是一种高效的信号检测技术,尤其在已知主用户信号特性的情况下。这种方法的核心是使用匹配滤波器来最大化接收信号的信噪比(Signal Noise Ratio,SNR)。以下是匹配滤波检测基本原理的详细阐述:

匹配滤波检测的首要步骤是设计一个与预期接收信号形状匹配的滤波器。在数学上,如果假设$h(t)$为预期接收信号的形状,那么匹配滤波器的冲击响应为$h(-t)$。当接收到的信号$x(t)$通过这个匹配滤波器时,输出信号$y(t)$为$x(t)$和$h(-t)$的卷积,数学上表示为

$$y(t) = (x*h)(t) = \int_{-\infty}^{\infty} x(\tau)h(t-\tau)\mathrm{d}\tau \tag{2-3}$$

在理想情况下,如果接收到的信号完全与$h(t)$匹配,则滤波器的输出将达到最

大值。

匹配滤波器的主要优势在于其对信号的增强效果。通过最大化输出信号的SNR,匹配滤波器提高了检测主用户信号的能力。在匹配滤波检测中,决策是基于输出信号的能量或幅度。如果输出超过某个预定的门限值,则认为存在主用户信号。数学上,这可以表示为

$$\begin{cases}\text{如果 } |y(t)|^2 > \lambda\text{,则判定为 } H_1\text{(主用户存在)} \\ \text{如果 } |y(t)|^2 \leqslant \lambda\text{,则判定为 } H_0\text{(无主用户)}\end{cases} \tag{2-4}$$

式中:λ 为事先设定的门限值;H_1 和 H_0 分别代表主用户存在和不存在的假设。

匹配滤波检测在已知主用户信号特性的场景中非常有效,但它的局限性在于需要事先了解主用户信号的确切特性。如果对主用户信号的假设不准确,匹配滤波器的性能就会显著下降。此外,匹配滤波器对信号的时延非常敏感,这要求在实际应用中精确地同步接收器和信号。基于匹配滤波检测的频谱感知方法通过最大化信号的 SNR 来检测主用户的存在,这种方法在已知主用户信号特性的条件下效果显著。但它的效能很大程度上取决于对主用户信号特性的了解程度和信号同步的准确性。

2.1.2 基于机器学习方法的频谱感知决策

1. 基于传统机器学习方法的频谱感知

基于机器学习的频谱感知技术将感知决策视为二元分类问题,使用能量或概率向量来预测无线电频率(Radio Frequency, RF)信道的状态,通过从模式中提取特征向量,并将其分类为零假设(PU 缺席)或备择假设(PU 存在)。这些技术由于其学习能力,比传统的感知技术更具适应性,从而提高频谱利用率,帮助解决频谱稀缺问题。在频谱感知决策中应用的机器学习技术大致可分为两类:①监督学习,模型使用输入样本及其相应的标签进行训练;②无监督学习,模型根据输入样本,无须任何输出标签进行区分。

在监督学习的范式下,频谱感知的过程可分为数据标签化、特征提取、模型训练、性能评估和模型应用几个关键步骤。

(1)数据标签化阶段涉及收集频谱数据作为训练集,其中每个样本都标记为"空闲"(对应 H_0)或"占用"(对应 H_1)。这可以表示为一组带标签的样本 $\{(x_1, y_1), (x_2, y_2), \cdots, (x_n, y_n)\}$,其中 x_i 是特征向量(如从信号中提取的能量、功率谱密度等),y_i 是对应的标签(0 或 1,分别代表"空闲"和"占用")。

(2)特征提取阶段旨在从每个样本中提取相关的特征。这些特征对于区分不同频谱状态至关重要,可以包括信号的能量、带宽、中心频率等。这些特征将用作模型训练的输入。

(3)通过使用监督学习算法,如支持向量机、决策树或神经网络等,对带有

标签的样本进行模型训练。在训练过程中,模型通过调整参数 θ 来最小化损失函数,该函数衡量模型预测与实际标签之间的差异。这一过程可以用优化问题来描述:

$$\min_{\theta} \sum_{i=1}^{n} L(y_i, f(x_i;\theta)) \tag{2-5}$$

式中:L 为损失函数;$f(x_i;\theta)$ 为模型对样本 x_i 的预测。

(4)训练好的模型可以用于预测新的未标记数据。通过将新数据输入模型中,可以得出其属于“空闲”还是“占用”的概率,从而实现对频谱的有效感知。

基于监督学习的架构,参考文献[5]探索了使用费舍尔线性判别分析(Fisher's Linear Discriminant Analysis,FLDA)来融合 SU 的传感结果。FLDA 是一种有监督的机器学习技术[6],用于通过确定特征的线性组合来分离两个或多个类别。PU 网络被建模为随机几何网络,SU 使用能量检测(Energy Detection,ED)感知频谱以确定频谱可用性。借助线性融合规则(其系数由 FLDA 确定),结合位置信息和每个 SU 决策的可靠性,使传感性能变得准确。通过考虑两个圆形检测区域,将所提出方案的接收器操作特性(Receive Operating Characteristic,ROC)图与等系数模型、AND 规则、OR 规则和基于最大似然检测器(Maximum Likelihood Detector,MLD)的规则进行比较。在等系数模型中,感测结果像所提出的模型一样以线性方式组合,但所有 SU 具有相同的线性系数,而不考虑 SU 网络拓扑。OR 和 AND 规则是硬融合规则。如果至少一个 SU 报告 PU 的存在,则 OR 规则确定 PU 的存在,而在 AND 规则中,当所有 SU 检测到 PU 时确认 PU 的存在。遵循纽曼 - 皮尔逊(Neyman - Pearson)准则的 MLD 是随机 PU 网络检测问题的最佳检测器。所有模型的检测性能随着检测半径的增加而提高,并且对于两个圆形检测区域,所提出的模型都优于基于等系数、AND 和 OR 规则的模型。

由于监督学习方法需要使用含有标签的感知数据,当该条件不具备时,基于无监督学习方法也可以用于进行频谱感知决策,其基本流程和范式如下:

(1)数据收集:收集无标签的频谱数据,表示为一组样本 $\{x_1, x_2, \cdots, x_n\}$,其中每个 x_i 是从信号中提取的特征向量(如能量、功率谱密度等)。

(2)特征提取:对于每个样本 x_i,提取相关的特征,如信号的能量、带宽、功率等。

(3)聚类分析:使用非监督学习算法(如 K - 均值聚类、高斯混合模型等)对数据进行聚类。这个过程试图将样本分成不同的组,每组代表不同的信号状态(空闲或占用)。聚类问题可以表示为优化问题:

$$\min_{C} \sum_{i=1}^{n} \sum_{k=1}^{K} r_{ik} \| x_i - \mu_k \|^2 \tag{2-6}$$

式中:C 为聚类中心的集合;K 为聚类的数量;r_{ik} 为指示变量,如果样本 i 属于聚

类 k，则 r_{ik} 为 1，否则为 0；μ_k 为聚类 k 的中心。

(4)应用模型进行预测：对于新的未标记数据，模型可以根据其特征将其分配到最接近的聚类中，从而推断频谱的使用状态。

在无监督学习的架构下，参考文献[4]提出了基于 K - 均值聚类和高斯混合模型(Gaussian Mixture Model，GMM)等无监督机器学习技术的频谱感知决策方法。SU 接收到的能量水平被视为特征向量，并输入机器学习模型中以预测信道可用性。K - 均值聚类的工作原理是将特征划分为"K"个簇，并根据簇的质心将簇映射到 PU 的状态。GMM 是一种概率方法，它将特征向量建模为高斯混合分布，以便每个高斯分布都对应一个簇。

2. 基于深度学习方法的频谱感知

深度学习是机器学习的一个子集，能够自动从输入数据中捕捉复杂的模式和特征。由于这些算法能快速适应，它们对不确定的无线电环境具有较强的鲁棒性。深度学习通过最优利用训练数据中的非线性关系来增强模型性能。多个隐藏层使得深度神经网络(Deep Neural Network，DNN)能够逐层从数据集中学习模式。低层数据特征被转换为高层抽象特征，因为低层的输出作为高层的输入。

基于深度学习的频谱感知决策如图 2 - 2 所示，利用深度学习，频谱感知问题被视为一个二元分类或假设检验问题，两个类别分别代表主用户的缺席或空假设(H_0)和存在或替代假设(H_1)。首先，获取实际数据或合成生成样本来代表频谱数据。这些数据可以是相位/正交(Inphase/Quadrature，I/Q)样本、频谱图、协方差矩阵(Covariance Matrix，CM)等格式，或者可以从这些数据中提取诸如能量和循环平稳特征等各种特征。其次，获取的频谱数据可以通过数据标准化、数据归一化、过滤、矩阵操作等技术进行预处理，以适当的形式提高 DNN 的检测性能。预处理后的数据分为训练集、验证集和测试集。模型通过训练集进行训练，然后通过验证数据在离线过程中进行调整。最后，在在线检测过程中使用经过良好训练且超参数优化的模型将测试数据分类为 H_0 或 H_1。

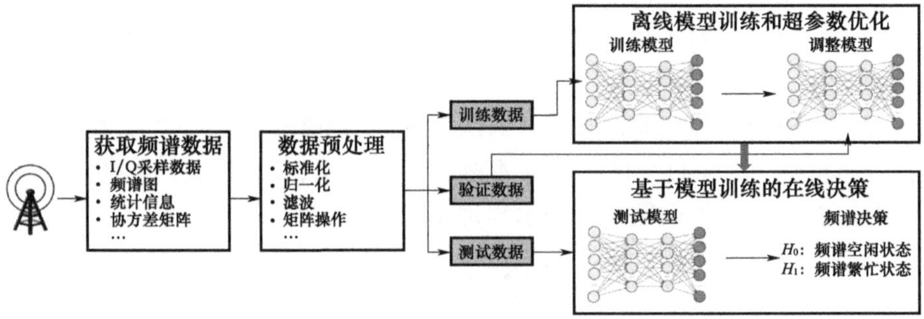

图 2 - 2　基于深度学习的频谱感知决策[8]

1）基于 MLP 的感知决策

多层感知机（Multi - Layer Perceptron，MLP）是一种具有一个或多个隐藏层的前馈人工神经网络。当隐藏层数量超过一个时，MLP 就被视为深度神经网络。输入层神经元的数量由数据集的维度决定，而输出层的神经元数量等于输出标签或类别的数量。隐藏层的数量和每个隐藏层中神经元数量的确定，旨在优化 MLP 的准确性。

参考文献[9]提出了一个具有三个隐藏层的 MLP，用于结合信息几何和深度学习的主用户频谱的集中式合作频谱感知。这个称为“IG - DNN”方法的输入是由感知信号和噪声的协方差矩阵导出的测地距离数据集。多个次用户感知的噪声和信号混合的能量值在一定信噪比范围内形成了 MLP 的输入。实验使用多种信号进行，并得出结论，更多的次用户和更高的信噪比会导致更好的感知性能。在不同的仿真设置下比较性能时，IG - DNN 优于 IG - FCM 和 MME - *K* - 均值聚类算法。

参考文献[10]设计了一个具有两个隐藏层的 MLP，通过优化隐藏层的数量、每个隐藏层中的神经元数量、优化算法、激活函数和学习率来进行频谱感知。主用户数据由使用与前一项工作类似的实证设置捕获的 4 种不同无线电技术组成。信号经过滤波，移除瞬态峰值并添加了高斯白噪声以获得期望的信噪比水平。MLP 的输入有 4 个特征：当前和之前感知事件的能量值，以及当前和之前感知事件的总统计量，输出是主用户信道的状态。总共使用了 4 种人工神经网络（Artificial Neural Network，ANN）架构，每种分配给特定的无线电技术。与未进行超参数调整的神经网络、CED、IED 以及基于 NBC 的感知进行了比较。在比较概率检测与信噪比曲线时，发现该方案在低信噪比下与 NBC 的性能相似。CED 和 IED 技术在计算上简单，但 MLP 报告了更好的概率检测。在对 4 种无线电技术的检测性能进行平均后，该模型的性能比 CED 和 IED 提高了 63%。

2）基于 CNN 的感知决策

CNN 是在计算机视觉和自然语言处理领域广泛应用的一种深度神经网络。除了输入层和输出层，一个简单的 CNN 网络还包括卷积层、池化层和全连接层。卷积层中的核或滤波器自动从输入样本中提取特征，生成特征图。池化层通过下采样减少网络后续层的复杂性，避免过拟合。全连接层利用之前层提取的特征对输入数据进行分类。

在参考文献[11]中，提出了一种基于 CNN 的算法，称为基于活动模式的频谱感知算法（Activity Pattern Aware SS，APASS），该算法学习 PU 活动模式以执行 SS。算法的输入包括当前帧的 CM 和由过去帧的 CM 堆叠形成的矩阵，以使 CNN 模型能够利用 PU 活动模式并提高检测精度。模型架构灵感来自名为 LeNet 的标准 CNN 架构，总共包括 7 层，其中有 2 个卷积层和 2 个稠密层。采用相关和不相关的信号模型,并且将 PU 信号向量视为均值为零的高斯分布。该研究分析了不同 SNR 水平下损失函数的收敛行为,并观察到在高 SNR 水平下,由于两个假设的 CM 之间存在较大差异,损失函数迅速收敛于零。通过 PoD (Probability of Detection)与 SNR 曲线比较了 APASS 检测器与最优估计器 - 相关器(Estimator - Correlator,EC)检测器和隐马尔可夫模型(Hidden Markov Model, HMM)。考虑不相关的信号模型时,具有确定性和随机 PU 活动模型的 APASS 检测器优于 EC 和 HMM 模型。所有算法的检测性能都随着接收天线数量的增加而提高。采用相关的信号模型时,三个检测器的性能均有所提升。

参考文献[12]设计了基于 DNN 的似然比检验(DNN - LRT),并为 SS 提出了 CM 感知 CNN(CM - CNN)模型。样本 CM 构成了 DNN 的输入,该 DNN 基于 LeNet - 5 架构,包括两个卷积层。PU 信号通过模拟生成,使用独立同分布(Independent and Identically Distribute, I. I. D.)和指数相关模型。通过 ROC 中的 PoD 与 SNR 曲线,将 CM - CNN 的性能与 EC、ED、最大特征值检测器(Maximum Eigenvalue Detector, MED)、盲目组合能量检测器和基于 CAV 的检测器进行比较。在高斯噪声下,CM - CNN 对于 I. I. D. 和指数相关模型与最优 EC 检测器具有可比较的性能。考虑海上杂波和指数相关模型时,CM - CNN 具有令人满意的检测性能,而由于海上杂波缺乏统计模型,EC 检测器无法实现。在低 SNR 条件下,CM - CNN 在噪声不确定性为 1dB 时表现出色,优于 EC 检测器。

参考文献[13]将感知决策表示为一个二元分类问题,并提出了一个 CNN 网络结构,除了 2 个基本卷积层外,还包括 6 个级联的残差块。通过对接收信号功率进行归一化,使模型对噪声功率不确定性具有鲁棒性。模拟了 8 种调制技术的信号数据,包括 32 正交幅度调制(Quadrature Amplitude Modulation, QAM)、16QAM、8 脉冲幅度调制(Pulse Amplitude Modulation, PAM)、4PAM、正交相移键控(Quadrature Phase Shift Keying, QPSK)、4 频移键控(Frequency Shift Keying, FSK)、2FSK 和二进制相移键控(Binary Phase Shift Keying, BPSK)。模拟了相同数量的加性高斯白噪声(Additive White Gaussian Noise, AWGN)或有色噪声样本,并用于训练深度学习模型。在测试数据上实现了 90. 55% 的准确率。该模型通过报告更高的 PoD 性能,优于两种传统的 SS 模型,即基于频域熵的方法和基于最大最小特征值比的方法。为了测试模型对未经训练数据的性能,该工作还模拟了具有调制类型 8 相移键控(Phase Shift Keying, PSK)、8FSK 和 64QAM 的测试样本。在将虚警概率(Probability False Alarm, PFA)固定为 0. 01 后,观察到信号被高概率地探测到。为了观察模型对真实世界信号的性能,对其进行了对飞机通信寻址与报告系统(Aircraft Communication Addressing and Reporting System, ACARS)信号的测试。当使用 ACARS 样本来通过采用基于迁移学习的方法对模型进行微调时,优于两种传统技术。与传统方法相比,该模型对粉色噪声具有鲁棒性，其性能不会随着粉色噪声而下降，证明了深度学习可以自动从数据中提取噪声特征。

3)基于LSTM的感知决策

递归神经网络(Recursive Neural Network,RNN)是一类与时间序列数据一起使用的人工神经网络，其中层的输出被提供为反馈到输入，以确定该层的输出。长短时记忆网络是一种能够捕捉长期时间依赖性并能利用时序谱数据相关性的RNN类型。

参考文献[14]通过经验性设置利用LSTM网络，分析了谱数据中的时间相关性。为了使LSTM不偏倚，包含了非常低信噪比值的数据。具有单个隐藏单元的LSTM具有最佳的验证准确性。该文献介绍了基于LSTM的SS(LSTM-SS)能够从输入数据中捕捉时间相关性以及基于PU活动统计的SS(PAS-SS)模型。PU活动统计和占用模式可以使用感知决策序列来估计，在SU网络中，这种统计信息将有助于预测频谱占用趋势、规划SS、选择正确的频谱带和信道以用于SU系统、最大化系统性能以及提高频谱效率。PAS-SS包括一个具有三个隐藏层的LSTM模型用于预测，以及一个具有单个隐藏层的人工神经网络用于分类。为了获得用于LSTM-SS和PAS-SS实验的数据，分别使用了两个带有通用软件无线电外设(Universal Softwave Radio Peripheral,USRP)和数字频谱分析仪的试验床设置。将LSTM-SS与CNN和ANN在PoD与SNR曲线上进行比较时，LSTM-SS实现了最佳的检测性能。在比较分类准确率与SNR曲线时，观察到LSTM-SS与机器学习技术ANN、高斯朴素贝叶斯和随机森林相比，LSTM-SS实现了最佳的分类准确性，但报告了更长的训练和执行时间。

参考文献[15]比较了用于检测SPN-43空中交通管制雷达的13种不同模型的窄带和宽带检测性能。借助3.5GHz频段低分辨率频谱图，评估了传统算法的性能：ED和扫描集成能量检测(Scanning Integrated Energy Detection,SI-ED)，传统ML算法包括支持向量机(Support Vector Machine,SVM)、邻近算法(K-Nearest Neighbor,KNN)和GMM，标准CNN架构包括ResNet-18、ResNet-50、Inception-V1、VGG-16、VGG-19和DenseNet-121，以及书中提出的CNN和LSTM模型。针对提出的LSTM架构，10MHz信道沿时间轴被分割成连续的片段。LSTM单元的输出以50%的概率传递给dropout单元。一个包含50个神经元的全连接层接收了所有时间片段提供给LSTM最后一个单元的输出。接下来是一个具有单个神经元和sigmoid激活函数的层，生成0~1的预测值。提出的CNN架构称为CNN-3，由一个卷积层、一个包含150个神经元的密集层以及一个生成0~1输出的单个神经元层组成。在卷积层之后，该方法使用了一种新颖的激活图的平均化步骤，相当于单个滤波器的1*1卷积层。对于窄带检测，基于ROC曲线评估和比较了所有13个模型。在所有模型中，CNN-3在测试A

集上表现最佳，而在测试 B 集上它与 Inception－V1 模型的性能相近。对于 A 和 B 两个集合，标准 *CNN* 模型中表现最佳的是 *Inception*－V1，传统 ML 模型中是具有线性核和完整输入的 SVM，传统模型中是 SI－ED，提出的模型中是 CNN－3。针对每个模型类别的单通道评估中表现最佳的模型用于同时观测到的多个通道上的 SPN－43 的宽带检测，使用自由响应 ROC（Free－reponse ROC，FROC）曲线进行比较。对于集合 A，CNN－3 的表现优于其他三个模型，而对于集合 B，Inception－V1 报告了最佳的曲线下面积值，其次是 SVM，然后是 CNN－3。进一步观察到 CNN－3 在 ML 模型中具有最快的检测时间。CNN－3 进一步用于对完整的频谱图集进行分类，随后提供了 SPN－43 的频谱占用估计，并对非 SPN－43 发射功率进行了表征。

2.2 基于深度元学习的智能频谱感知

尽管深度学习方法可以比传统的频谱感知方法获得更准确的结果。然而，基于深度学习的感知方法也存在一些缺点。这些方法的训练过程通常需要大量带标签的 PU 信号，并消耗大量的 SU 计算资源。而且，如果感知环境发生显著变化，这些方法的检测性能可能会严重下降。因此，在时变环境中，检测器需要反复训练。

元学习是一种可以利用先前经验来快速适应新环境的学习方法，且仅需要少量训练样本。受其快速学习的强大能力启发，本书将讨论一种基于模型无关元学习（Model－Agnostic Meta－Learning，MAML）的频谱感知（MAML－SS）算法。MAML－SS 算法包括预训练阶段、微调阶段和在线检测阶段。在预训练阶段，SU 收集不同的频谱感知环境，通过 MAML 预训练一个深度网络的初始参数，并将预训练的初始参数视为先验经验。在微调阶段，预训练的深度网络通过少量梯度更新和在新环境中收集的训练样本进行更新。在在线检测阶段，微调后的深度网络可以实现出色的检测性能。MAML－SS 算法的优点在于两个方面：①它不需要先验信息，如 PU 信号和信道的特性；②与传统的深度学习方法相比，它实现了可比较的检测性能，但训练计算开销和训练数据量显著减少。

2.2.1 系统模型与问题表述

假设 SU 装备有 M 个天线。在每个感知周期内，从每个天线接收的信号进行采样。信号向量可以用 $\boldsymbol{x}(n)$ 表示，其中 $n=0,1,\cdots,N-1$，N 是样本数，$x_m(n)$ 表示第 m 个天线的第 n 个样本的值。因此，接收到的数据可以表示为 $\boldsymbol{X}_{M\times N}=[\boldsymbol{x}(1),\boldsymbol{x}(2),\cdots,\boldsymbol{x}(N)]$。频谱感知问题可以表述为一个二元假设检验问题：

$$x(n)=\begin{cases}r(n)+\varepsilon(n), & H_1\\ \varepsilon(n), & H_0\end{cases} \tag{2-7}$$

式中：$r(n)$为接收到的信号；$\varepsilon(n)$为高斯噪声；H_1 和 H_0 分别表示有主用户存在和不存在的假设。

考虑时变信道模型，接收到的信号 $r(n)$可以表示为

$$r(n)=a(n)s(n-\tau(n)) \tag{2-8}$$

式中：$s(n)$为 PU 信号，$a(n)$和 $\tau(n)$分别为信道的衰减和延迟。可以看出，感知环境可以用变量 a,τ,ε 来表征。而环境随时间的分布表示为$\rho(a,\tau,\varepsilon)$。

问题表述：在当前环境 $h\sim\rho(a,\tau,\varepsilon)$下，频谱感知任务通过学习从接收到的信号到$\{H_1,H_0\}$的映射来完成，训练样本为 $D_h=\cup_{k=1}^{K}\{\{x_h^{(k)},y_h^{(k)}\}\}$，$y_h^{(k)}\in\{0,1\}$，其中 $y_h^{(k)}$ 表示频谱状态，$x_h^{(k)}$ 是接收到的数据 $\boldsymbol{X}_{M\times N}$。

2.2.2 MAML－SS 算法

MAML－SS 算法包括预训练阶段、微调阶段和在线检测阶段。MAML－SS 的训练和使用流程如图 2－3 所示，其中 P_1 和 P_2 分别表示 H_1 和 H_0 的概率。MAML－SS 与传统的深度学习方法在以下两个方面不同：①MAML－SS 利用$\rho(a,\tau,\varepsilon)$中包含的信息来通过 MAML 预训练神经网络的初始参数，而不是随机初始化；②在微调阶段，神经网络仅需要少量训练样本和梯度更新。为了更好地理解，将首先解释微调阶段和在线检测阶段，将预训练阶段留到最后。

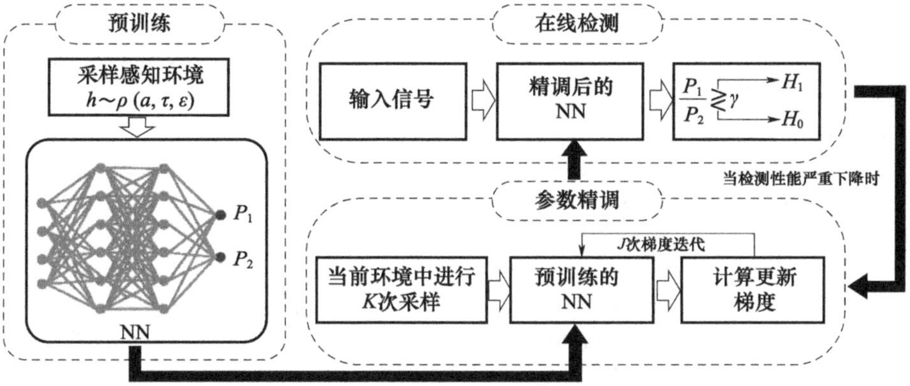

图 2－3　MAML－SS 的图示训练和使用流程

1. 微调阶段

假设预训练的初始参数为 θ^0，当前感知环境为 $h\sim\rho(a,\tau,\varepsilon)$。SU 尝试调整基于神经网络的检测器$f_\theta$，以在当前环境下获得出色的检测性能。SU 允许获得

K 个样本 $D_h = \cup_{k=1}^{K}\{\{x_h^{(k)}, y_h^{(k)}\}\}$ 并执行 J 次梯度更新以进行微调(K 和 J 都是小整数)。

检测性能通过降低交叉熵损失来优化,这在基于学习的感知算法中广泛使用[16-18],其函数表达式为

$$L_h(f_\theta) = \sum_{x_h^{(k)}, y_h^{(k)} \sim h} y_h^{(k)} \log f_\theta(x_h^{(k)}) + (1 - y_h^{(k)}) \log(1 - f_\theta(x_h^{(k)})) \tag{2-9}$$

给定 $L_h(f_\theta)$,通过调整 θ^0 和 J 次梯度更新来获得微调参数,表示为

$$\theta_h^j = \theta_h^{j-1} - \alpha \nabla_{\theta_h^{j-1}} L_h(f_{\theta_h^{j-1}}),\ j = 1, 2, \cdots, J \tag{2-10}$$

式中:α 为学习率。

2. 在线检测阶段

通过微调参数,神经网络 $f_{\theta_h^J}$ 能够预测频谱状态的概率。如果 P_1/P_0 大于 γ,则进行感知决策 H_1;反之,则进行感知决策 H_0 其中虚警概率可以通过调整 γ 来设置。

3. 预训练阶段

预训练阶段在神经网络部署到实际环境之前离线执行。MAML 的目标是找到初始参数 θ^0,可以在所有可能的环境 $h \sim \rho(a, \tau, \varepsilon)$ 中最小化 $f_{\theta_h^J}$ 的测试损失。该目标表示为

$$\min_{\theta^0} \sum_{h \sim \rho(a, \tau, \varepsilon)} L_h(f_{\theta_h^J}) \tag{2-11}$$

式中:θ_h^J 为 h 中的微调参数。

算法 2.1　预训练阶段

procedure 预训练阶段
　随机初始化 θ^0 并设置 meta $- i = 0$;
　while meta $- i <$ meta $- J$ **do**
　　从 $\rho(a, \tau, \varepsilon)$ 中采样一个环境 h;
　　从 h 中收集 K 个样本 D_h;
　　使用式(2-10)计算微调参数 θ_h^J;
　　收集 h 中的 K 个样本 D'_h 用以 meta - updating;
　　使用式(2-11)中的 D'_h 和 $\nabla_{\theta^0} L_h(f_{\theta_h^J})$ 更新 θ^0;
　　meta $- i =$ meta $- i + 1$;
　end while
end procedure

算法 2.2　微调阶段
procedure 微调阶段
从当前的频谱感知环境 h 中收集 K 个样本 D_h；
使用预训练的 θ^0 和 D_h，按照式(2-10)计算微调参数 θ_h^J；
end procedure

算法 2.3　在线检测阶段
procedure 在线检测阶段
从 M 个天线接收并采样信号；
将采样的信号输入微调后的神经网络，并预测有许可频段的状态为 H_0 或 H_1；
if 检测性能显著下降 **then**
返回微调阶段；
end if
end procedure

由于 MAML 是一种元学习方法，MAML-SS 的输入是频谱感知环境，而不是样本。当频谱感知环境 h 输入 MAML-SS 时，SU 首先应该收集 $2K$ 个样本作为数据集。在这个数据集中，K 个样本用于计算微调参数 θ_h^J，另外的 K 个样本用于计算测试损失 $L_h(f_{\theta_h^J})$。然后，梯度 $\nabla_{\theta^0} L_h(f_{\theta_h^J})$ 可以导出为

$$\begin{aligned}\nabla_{\theta^0} L_h(f_{\theta_h^J}) &= \nabla_{\theta_h^J} L_h(f_{\theta_h^J})(1-\alpha\,\nabla^2_{\theta_h^{J-1}} L_h(f_{\theta_h^{J-1}}))\\&\quad(1-\alpha\,\nabla^2_{\theta_h^{J-2}} L_h(f_{\theta_h^{J-2}}))\cdots(1-\alpha\,\nabla^2_{\theta_h^0} L_h(f_{\theta_h^0}))\end{aligned} \tag{2-12}$$

初始参数的优化过程如下，将执行 meta-J 次：

$$\theta^0 \leftarrow \theta^0 - \beta \sum_{h\sim\rho(a,\tau,\varepsilon)} \nabla_{\theta^0} L_h(f_{\theta_h^J}) \tag{2-13}$$

式中：β 为元学习率。

2.3　仿真结果

本节通过数值实验验证所设计的 MAML-SS 算法的检测性能。在仿真中，采用 CM-CNN[18] 作为 MAML-SS 的深度网络模型，其结构如图 2-4 所示。

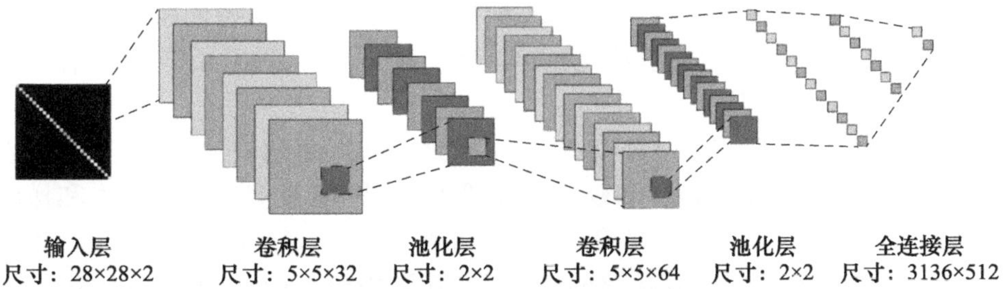

图 2-4　CM-CNN 模型结构

对于 MAML－SS，从 $\rho(a,\tau,\varepsilon)$ 中采样 500 个不同的频谱感知环境 h 进行预训练。算法性能与传统的感知方法（如 ED[19] 和 MED[20]）以及基于机器学习的感知方法（如 ANN[17] 和 CM－CNN[18]）进行比较。MAML－SS 和这些基于神经网络（Neural Network，NN）的感知方法的超参数列在表 2－1 和表 2－2 中，训练和测试数据集都包含半数 PU 存在和半数 PU 不存在的样本。

表 2－1　仿真设置

块大小 N_d	循环前缀长度 N_c	信道	调制
64	8	瑞利分布	BPSK
射频	带宽	SNR 范围	延迟范围
2.4GHz	5MHz	[－20dB,0dB]	$[0, N_d+N_c-1]$

表 2－2　MAML－SS 的超参数

训练数据大小 K	10	Meta－J	500
测试数据大小	2000	梯度更新 J	5
批次大小	10	学习率 α 和 β	0.001

2.3.1　检测性能

图 2－5 展示了 MAML－SS 在只有 K 个样本和 J 个梯度更新的情况下具有出色检测性能的原因。图中优化后的网络表示深度网络是在特定感知环境中通过多次梯度更新和训练样本训练的，离散点是这些环境中的样本。为了减少边界的搜索空间，在本次仿真中将天线数量 M 设置为 2，以使输入数据的维度从 28×28×2 减小到 2×2×2。然后使用主成分分析（Principal Component Analysis，PCA）将这些边界显示在二维平面上，可以看出，预训练阶段可以有效地学习不同感知环境中基于 NN 检测器的相似性。在图 2－5（a）中，很明显，预训练初始参数 θ^0 的边界位于这些优化 NN 的边界的中间，可以显著简化在感知环境 $h\sim\rho(a,\tau,\varepsilon)$ 中调整 NN 检测器的过程。另外，预训练阶段使 θ^0 变得敏感，θ^0 的轻微变化可以产生显著影响。如图 2－5(b) 所示，与随机初始化相比，MAML－SS 的微调参数 θ_h^J 的边界明显不同于初始参数 θ^0 的边界，并且由于 θ^0 的轻微变化，其检测性能明显提高。

图 2－6 显示了 PFA 为 0.05 时不同频谱感知方法的检测性能，其中理想条件表示没有噪声不确定性和延迟。在图 2－6 中，经过多次训练样本和梯度更新训练的 CM－CNN 具有最佳的检测性能。而 MAML－SS－Init 是指 MAML－SS 的初始参数，其检测性能较差，其漏警概率（Probability of Miss detection, PM)在每个 SNR 中始终约为 97%。然而,在对初始参数 θ^0 进行微调后,MAML - SS 实现了与 CM - CNN 相当的检测性能,其 PM 明显低于 ANN、ED 和 MED 的 PM。当 SNR 为 -18dB 时,CM - CNN 和 MAML - SS 的 PM 分别为 10.62% 和 13.59%。

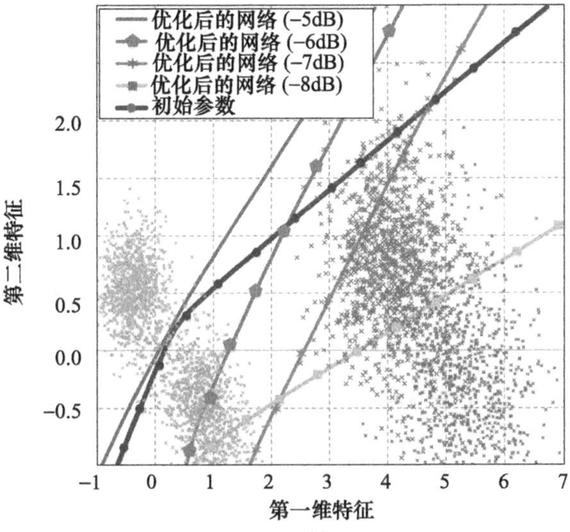

(a)

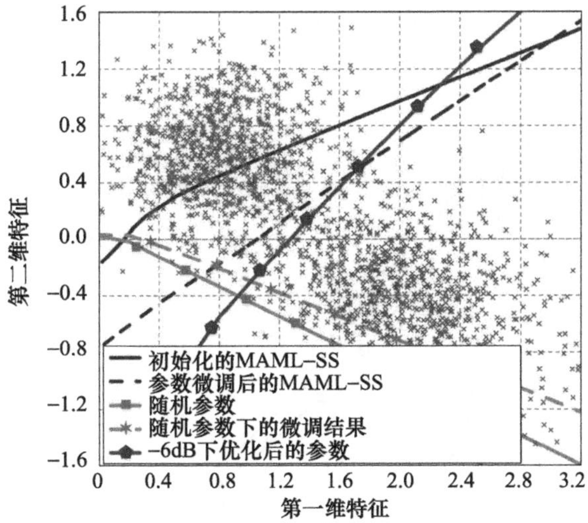

(b)

图 2-5 MAML - SS 的效果

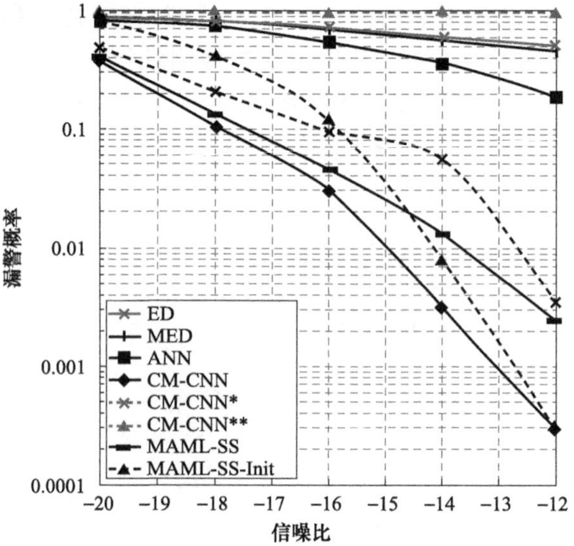

图 2 – 6　理想条件下的 PM

为了验证预训练阶段中 MAML 的效果，进一步构建了检测器 CM – CNN*。对于 CM – CNN*，首先在相同的预训练数据集和预训练计算开销上进行预训练。然后，类似于 MAML – SS，它在新环境中通过 K 个新样本和 J 次梯度更新进行微调。如图 2 – 7 所示，CM – CNN* 在每个 SNR 中具有良好的检测性能，但其 PM 大于 MAML – SS 的 PM，且在 – 20dB 时的差距为 7.46%。因此，MAML 是 MAML – SS 出色检测性能的关键因素。

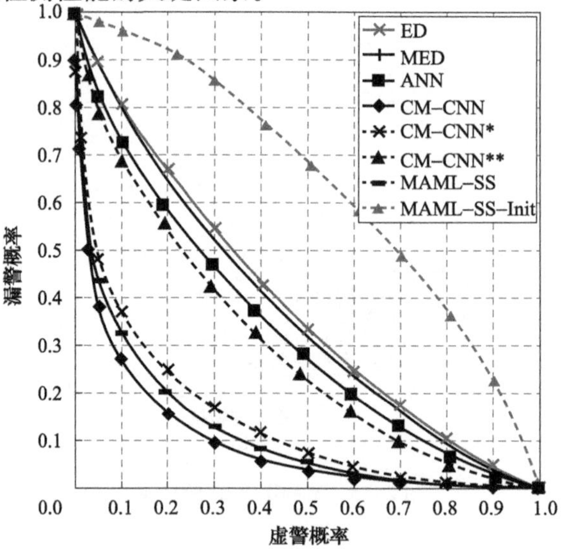

图 2 – 7　不同虚警概率下的 PM

2.3.2 训练计算开销

由于 MAML – SS 和 CM – CNN 具有相同的神经网络结构，CM – CNN 前向传播(Forward Propagation，FP)的计算开销 C_{FP}采用为单位计算开销。C_{FP}的详细信息列在表 2 – 3 中，其中 FLOPs 表示浮点运算次数。

表 2 – 3　CM – CNNFP 的计算开销

卷积层	池化层	全连接层	总开销
11296064FLOPs	37632FLOPs	3213826FLOPs	14547522FLOPs

考虑反向传播(Back Propagation，BP)算法的开销是 C_{FP}的 2 倍，训练计算开销可以表示为

$$\text{Overhead} = \left(\underbrace{批大小 \times C_{FP}}_{FP} + \underbrace{2C_{FP}}_{BP}\right) \times J \tag{2-14}$$

式中：J 为实际梯度更新的次数。

通过 1000 次蒙特卡罗(Monte Carlo)模拟，在理想条件下，可以获得实际梯度更新次数 J。因此，表 2 – 4 列出了 MAML – SS 和 CM – CNN 的训练计算开销。显然，MAML – SS 能够显著降低训练计算开销。当信噪比为 – 14dB 时，CM – CNN 和 MAML – SS 之间的训练计算开销比约为 1382 : 1。

表 2 – 4　CM – CNN 和 MAML – SS 的训练开销

信噪比/dB	– 12	– 14	– 16	– 18	– 20
CM – CNN/C_{FP}	54080	82940	57200	47840	40560
MAML – SS/C_{FP}	60	60	60	60	60

第3章　智能协同频谱感知决策

由于在实际中,无线认知节点经历的存在包括多径衰落、阴影和接收机不确定性等问题,可能会严重影响频谱感知的检测性能。协同频谱感知(Cooperative Spectrum Sensing,CSS)是一种对抗多径衰落和阴影以及减轻接收器不确定性问题的有吸引力且有效的方法,可以极大提高整体检测性能。

协同频谱感知决策,是通过利用众多 SU 观测数据的空间多样性来提高感知性能,如图 3-1 所示。基于协作方式,SU 可以共享其感知信息,从而做出比单独决策更准确的综合决策。由于空间分集而带来的性能提升称为协作增益。协作增益也可以从感知硬件的角度来看。由于多径衰落和阴影,接收到主信号的信噪比可能极小,其检测变得困难。由于接收器灵敏度表示检测微弱信号的能力,因此对接收器提出严格的灵敏度要求,大大增加了实现复杂度和相关硬件成本。

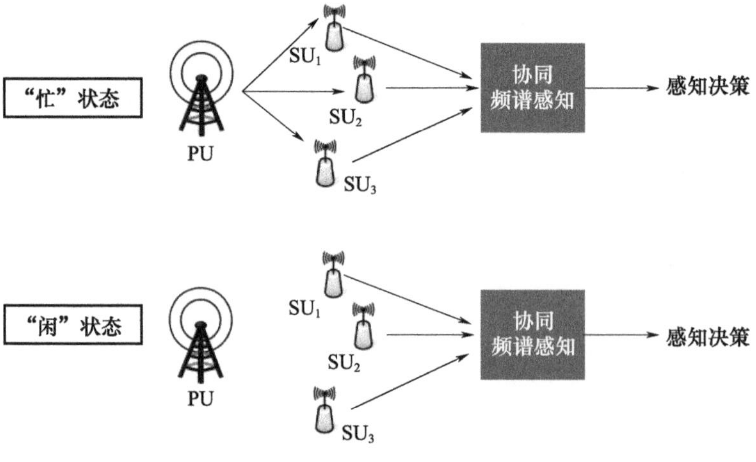

图 3-1　协同频谱感知决策问题

更重要的是,当 PU 信号的信噪比低于一定水平(称为信噪比墙)时,无法通过提高灵敏度来提高检测性能。幸运的是,协同感知可以大大缓解灵敏度要求和硬件限制问题。多径衰落和遮蔽导致的性能下降可以通过协同感知来克服,这样接收机的灵敏度可以近似设置为与标称路径损耗相同的水平,而不会增加 SU 设备的实施成本。然而,协作增益并不限于改进的检测性能和放宽的灵敏度要求。例如，如果通过协同可以减少感知时间，SU 将有更多的时间进行数据传输，从而提高其吞吐量。在这种情况下，吞吐量的提高也是协作增益的一部分。因此，精心设计的协同感知协作机制可以显著促进各种可实现的协作增益。

尽管如前所述，在协同感知中可以实现协作增益，但可实现的协作增益可能会受到许多因素的限制。例如，当被同一障碍物阻挡的 SU 处于空间相关阴影中时，其观测结果是相关的。更多空间相关的 SU 参与合作会对探测性能产生不利影响。这就提出了在协同感知中选择合作用户的问题。除了增益限制因素，协同感知还会产生合作开销。其中，开销指的是与单独（非合作）频谱感知情况相比，协同感知所需的额外感知时间、延迟、能量和操作。此外，相关阴影中的任何性能下降或安全攻击的脆弱性也是合作开销的一部分。因此，在探索频谱感知中的合作模式，需要深入探讨如何有效利用协同感知来实现最佳合作增益，并且尽可能减小由此带来的协作开销。

3.1 协同频谱感知决策

3.1.1 协同频谱感知架构

根据用户在网络中共享感知数据的方式，协同频谱感知可以分为集中式、分布式和分簇式三种。这三种协同感知架构如图 3－2 所示。

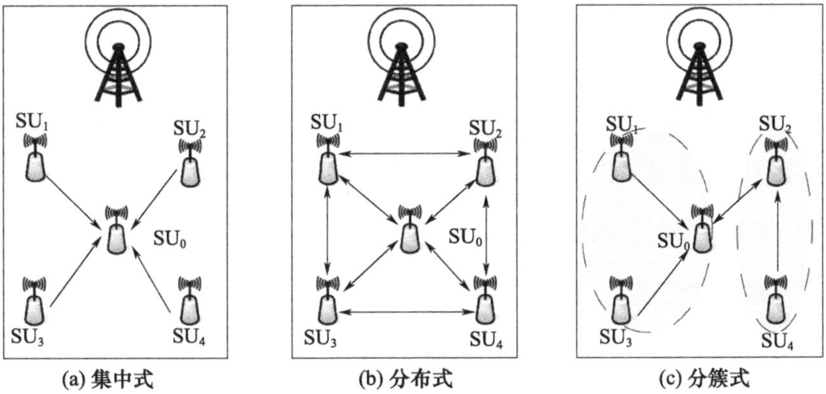

图 3－2 协同感知架构

在集中式协同感知中，由融合中心（Fusion Center，FC）控制协同感知。首先，融合中心选择一个感兴趣的信道或频带进行感知，并指示所有协同的 SU 各自进行本地感知。其次，所有协同的 SU 通过控制信道报告其感知结果。最后，FC 综合接收到的本地感知信息，确定是否存在 PU，并将决定反馈给合作的 SU。

如图 3－2(a)所示，SU_0 是 FC，SU_0 ~ SU_4 是合作的 SU，其执行本地感知并将结果报告给 SU_0。在本地感知时，所有 SU 都被调谐到选定的许可信道或频段，其中 PU 发射机与每个合作 SU 之间用于观测主信号的点对点物理链路称为感知信道。对于数据报告，所有 SU 都被调谐到控制信道，每个 SU 与 FC 之间用于发送感知结果的点对点物理链路称为报告信道。请注意，集中式协同感知可以在集中式或分布式 SU 网络中进行。在集中式 SU 网络中，SU 基站自然就是 FC。或者，在没有 SU 基站的 SU 认知无线网络(Cognitive Radio Ad hoc Network，CRAHN)中，任何 SU 都可以充当 FC，以协调协同感知并融合来自协作邻居的感知信息。

与集中式协同感知不同，分布式协同感知不依赖 FC 来做出协作决策。在这种情况下，SU 之间相互通信，并通过迭代收敛到关于 PU 存在与否的统一决策。图 3－2(b)展示了分布式协作。在本地感知后，SU_0 ~ SU_4 与其传输范围内的其他用户共享本地感知结果。基于分布式算法，每个 SU 向其他用户发送自己的感知数据，将自己的数据与接收到的感知数据相结合，并通过本地标准判断 PU 是否存在。如果不符合标准，SU 会再次向其他用户发送自己的综合结果，并重复这一过程，直到算法收敛并作出决定。通过这种方式，分布式方案可能需要多次迭代才能达成一致的合作决定。

除了集中式协同感知和分布式协同感知，还有分簇式协同感知。由于感知信道和报告信道都不是完美的，因此可能难以有能够覆盖全部 SU 的 FC 进行数据融合。因此，可以通过分簇的方式建立若干局部的集中式 SU 网络(即簇)，再由各个局部网络中的代表(簇首)进行分布式的协同，从而达成全局的感知协同决策。在图 3－2(c)中，SU_0、SU_1 和 SU_3 构成一个簇，SU_2 和 SU_4 构成一个簇，其中 SU_1 和 SU_3 将感知数据上报给簇首 SU_0，SU_4 将感知数据上报给簇首 SU_2，最后再由 SU_0 和 SU_2 进行协同，从而确定最终的感知决策。

3.1.2 协同频谱感知的场景

1. 频谱同构场景

频谱同构指的是在一个特定的认知无线电网络环境中，所有的 SU 都处在同一主要用户 PU 的信号覆盖范围内。这种情况下，所有 SU 对于频谱的使用情况有一致的频谱状态。频谱同构通常出现在地理区域较小或者无线电环境相对单一和稳定的认知无线电网络中。例如，电视广播系统[21]或在一个封闭的大楼或一个小型社区中，所有的 SU 可能都受到同一 PU 的影响。

在频谱同构的环境中，由于所有 SU 都处于同一 PU 的影响下，它们感知到的频谱状态是一致的。这降低了频谱感知的不确定性和复杂性。因此，SU 在进行频谱接入和使用决策时，面临的情况更加简单明了。这有助于提高决策效率，减少决策过程中的延迟和资源消耗。

现有的大部分关于 CSS 的研究[22]都假设了一个频谱同构的场景,即所有合作的 SU 都观察到相同的 PU,并经历相同的频谱可用性状态。该场景下的典型协同感知决策为多个 SU 独立感知频谱,然后将其感知结果发送到 FC,由 FC 汇总这些信息并做出最终的频谱占用决策。下面详细阐述几种常见的协同决策方法:

在协同频谱感知中,每个 SU 执行频谱感知任务,如能量检测或循环平稳特性检测。然后,它们将自己的感知结果,通常是一个二元决策(即频谱被占用或未被占用),上报给 FC。

假设有 N 个 SU,每个 SU 的二元决策表示为 $D_i(i=1,2,\cdots,N)$,其中 $D_i=1$ 表示第 i 个 SU 检测到频谱被占用,而 $D_i=0$ 表示未检测到频谱占用。FC 的任务是基于这些上报的决策 $D_1,D_2,\cdots,D_N$ 来做出一个综合的频谱占用判断。

协同频谱感知的典型数据融合规则包括"或"规则(OR - Rule)、"与"规则(And - Rule)、"K - 出 - N"规则(K - out - of - N - Rule)等。

"或"规则是最宽松的融合规则。只要有任何一个 SU 报告频谱被占用,FC 就判断频谱被占用。数学上表示为

$$D_{\mathrm{FC}}=\begin{cases}1, & \exists i, D_i=1\\0, & \text{否则}\end{cases} \tag{3-1}$$

式中:D_{FC}为 FC 的最终决策。

"与"规则是较为严格的规则。只有当所有 SU 都报告频谱被占用时,FC 才判断频谱被占用。数学上表示为

$$D_{\mathrm{FC}}=\begin{cases}1, & \forall i, D_i=1\\0, & \text{否则}\end{cases} \tag{3-2}$$

"K - 出 - N"规则是一种更加灵活的规则,其中 FC 判断频谱被占用,如果至少有 K 个 SU 报告频谱被占用。数学上表示为

$$D_{\mathrm{FC}}=\begin{cases}1, & \sum_{i=1}^{N} D_i \geqslant K\\0, & \text{否则}\end{cases} \tag{3-3}$$

式中:K 为预先设定的阈值。

2. 频谱异构场景

在广泛分布的认知无线电网络中,SU 的地理位置差异导致它们处于不同 PU 的覆盖范围内,从而感知到不同的频谱状态。无线电环境的多样性:频谱异构还反映了无线电环境的复杂性和多样性,包括信号衰减、多径效应和遮蔽效应等因素,这些都会影响 SU 的频谱感知结果。在大型城市、跨地区网络等场景

中,频谱异构是一个不可避免的现实,对于这些环境的频谱管理策略研究具有重要意义。

在频谱异构环境下,不同 SU 的感知结果可能显著不同,这给协同决策和频谱感知带来了额外的复杂度。由于 SU 感知到不同的频谱状态,但其频谱接入决策可能各不相同,这给频谱的有效利用带来了挑战。在协同频谱感知中,处理来自不同 SU 的异构感知数据需要更复杂的数据融合技术,以确保准确性和可靠性。

考虑存在异构频谱可用性的感知任务,本书采用距离的观点来细化考虑协同频谱感知的场景设定。也就是说,如果 SU 距离活跃的 PU 有一定的距离,就可以进行信息交互。这个距离称为保护范围(Protection Range,PrR)。其可以通过考虑 PU 干扰容限,PU 和 SU 传输功率,以及其他严格计算[23-24]。因此,对于 SU 来说,频谱感知的目标是确定其是否在任何活跃 PU 的 PrR 内。

下面考虑半径 R 的协同区域(图 3-3),它代表人们关心的区域。区域内随机均匀分布着 N 个 SU,这些 SU 不移动。假设 SU 不知道自己的位置。这 N 个 SU 被索引为 $SU_1,SU_2,\cdots,SU_N$。在每个感知周期,一个 PU 随机出现在协同区域内,并传输信号。设 r 表示 PrR 且 d_i 表示 SU_i 和 PU 之间的距离。因此,如果 $0\leqslant d_i\leqslant r$,则 SU_i 的频谱状态为"忙",其表示为 $x_i=1$;如果 $r<d_i\leqslant R$,则 SU_i 的频谱状态为"闲",其表示为 $x_i=0$。很容易看出,不同位置的 SU 可能具有不同的频谱状态,这是一种异构的频谱可用性场景。

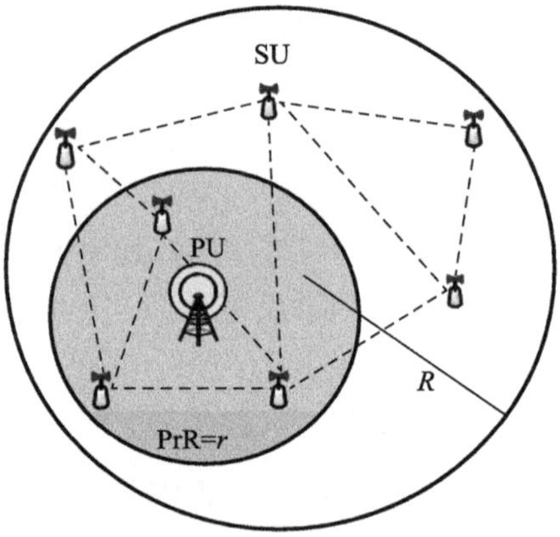

图 3-3 频谱异构场景

可见,频谱异构场景下的感知决策比频谱同构场景下更具挑战性。在频谱同构场景下,次级网络规模较小,所有合作的 SU 都处于同一 PU 的传播覆盖范围内,体验相同的频谱可用性状态。相反,在大规模的次级网络中,CSS 面临频谱异构环境,部分 SU 靠近 PU 并感知到繁忙的频谱,而其他 SU 远离 PU,因此感知到空闲的频谱。因此,在频谱异构场景下,不同的 SU 可能有不同的频谱状态,基于二元假设检测的频谱同构场景下的 CSS 算法无法工作。但是,应该强调的是,即使在频谱异构场景下,通过融合利用相邻的 SU 的感知数据,仍然可以提升感知的性能。这是因为相邻的 SU 更可能具有相同的频谱状态。因此,频谱异构场景下的协同感知决策的难题是如何建模相邻 SU 之间的频谱关联性,并融合关联信息以提升感知决策准确性。

然而,相邻的 SU 更可能具有相同的频谱状态。因此,在 HetSA 设置下,SU 可以通过利用邻近 SU 的感知数据来提高 CSS 的感知性能。而为了解决这个问题,研究人员提出了基于马尔可夫随机场(Markov Random Field,MRF)模型[25]的协同感知决策框架。具体来说,MRF 模型用于近似 HetSA 设置下 SU 频谱状态的先验分布:两个 SU 的相关性随着它们的拓扑距离的增加而降低。然后,通过结合 MRF 先验(通过 SU 的相关性定义)和似然函数(由感知数据定义),可以构建整个 SU 网络的频谱状态的联合后验概率分布。基于该联合分布,可用以提升各个 SU 感知决策的有效性。本书将介绍两种基于 MRF 进行协同感知决策架构,即基于 MARG - MRF 的异构协同频谱决策架构和基于 MAP - MRF 的异构协同感知决策架构。

3.2 基于 MARG - MRF 的异构协同频谱决策

3.2.1 基于 MRF 的 SU 频谱状态概率模型

马尔可夫随机场(见附录)是一种用来建模联合概率分布的图模型。它描述了一组随机变量之间的联合概率分布,其中这些随机变量组织成一个图结构,图中的节点表示随机变量,边表示它们之间的相互作用关系。在马尔可夫随机场中,给定一个随机变量组成的图结构,每个节点表示一个随机变量,边表示这些随机变量之间的关联关系。与马尔可夫链类似,马尔可夫随机场也满足马尔可夫性质,即给定一个节点的状态,它与其他节点的状态独立。

因此,MRF 可用来建模频谱异构状态下的不同 SU 的频谱状态之间的关联性[26-29]。MRF 的基本思想是,一个随机变量的概率分布仅受其邻近变量的影响。这意味着在 MRF 模型中,给定一个节点的邻居节点状态,该节点的状态条件独立于整个系统的其余部分。数学上,这可以表示为

$$P(x_i|x_j,\forall j\neq i)=P(x_i|x_j,j\in\text{邻居}(i)) \tag{3-4}$$

式中:x_i 为第 i 个节点的状态;x_j 为 i 的邻居节点的状态。

具体来说,结合 SU 网络建立 MRF 网络模型的方式如下。假设 SU 网络在建立时,每个 SU 执行邻近发现操作,由此 SU 知道其邻居节点。利用这些邻居

信息，可定义 SU – graph，它是一个无向图，用 $\mathcal{G}=(\mathcal{V},\mathcal{E})$ 表示，其中 $\mathcal{V}$ 和 $\mathcal{E}$ 分别表示节点和边的集合。对于节点集，有 $\mathcal{V}=\{1,2,\cdots,N\}$，其中节点代表 SU_i。边集 $\mathcal{E}$ 定义为

$$\mathcal{E}=\{(i,j)\mid SU_i \text{ 和 } SU_j \text{ 是邻居}\} \tag{3-5}$$

注意：由于 $\mathcal{G}$ 的边是无向的，(i,j) 和 (j,i) 是 $\mathcal{E}$ 中的同一个元素。

本节使用 MRF 在 SU – graph$\mathcal{G}$ 上来模拟 $\boldsymbol{X}\triangleq[X_1,X_2,\cdots,X_N]$ 的先验分布。MRF 利用马尔可夫近似：如果 SU 的相邻 SU 的频谱状态是已知的，那么其频谱状态是独立于非相邻 SU 的。具体而言，$\boldsymbol{X}=\boldsymbol{x}\triangleq[x_1,x_2,\cdots,x_N]$ 的先验置信（在观测传感数据之前）建模为

$$\boldsymbol{\Phi}_X(\boldsymbol{x}) = \frac{1}{B}\prod_{(i,j)\in\mathcal{E}}\phi(x_i,x_j) \tag{3-6}$$

式中：B 为归一化常数，$\mathcal{E}$ 在式(3 – 5)中定义，$\phi(x_i,x_j)$ 命名为势函数，定义为

$$\phi(x_i,x_j)=\exp(\beta(x_ix_j+(1-x_i)(1-x_j))) \tag{3-7}$$

式中：$\beta>0$ 为 MRF 模型的超参数。注意，对于势函数，有 $\phi(0,0)=\phi(1,1)=\exp(\beta)>\phi(0,1)=\phi(1,0)=1$，表示相邻 SU 之间的相关性，超参数 β 控制相关强度。

3.2.2 基于 MARG – MRF 的数据融合架构

给定 MRF 先验和感应数据 $\boldsymbol{y}\triangleq[y_1,y_2,\cdots,y_N]$，参考文献[26 – 29]考虑了 CSS 的边缘化。结合式(3 – 6)来说，$\boldsymbol{X}$ 的后验分布给定 $\boldsymbol{y}$ 首先获得

$$p_{\boldsymbol{X}}(\boldsymbol{X}=\boldsymbol{x}\mid\boldsymbol{y}) = \boldsymbol{\Phi}_{\boldsymbol{X}}(\boldsymbol{x})\prod_{i\in\mathcal{V}}f_{Y|X}(y_i\mid x_i) \tag{3-8}$$

然后，为决定 SU 的频谱状态，如SU_i 的频谱状态，因此SU_i 的频谱状态 X_i 的边际（后验）分布可以估计如下：

$$\begin{aligned} p_{X_i}(X_i=x_i\mid\boldsymbol{y}) &= \sum_{x_1}\cdots\sum_{x_{i-1}}\sum_{x_{i+1}}\cdots\sum_{x_N}p_{\boldsymbol{X}}([x_1,\cdots,x_{i-1},x_i,x_{i+1},\cdots,x_N]\mid\boldsymbol{y}) \\ &\triangleq \sum_{\boldsymbol{x}':\boldsymbol{x}\setminus\{x_i\}}p_{\mathbf{X}}(\boldsymbol{x}'\mid\boldsymbol{y}) \end{aligned} \tag{3-9}$$

其中，为了表述方便，引入 $\sum_{\boldsymbol{x}':\boldsymbol{x}\setminus\{x_i\}}[\cdot]$ 表示“除了 x_i，$\boldsymbol{x}$ 内所有变量的边际”。注意，$p_{X_i}(x_i|\boldsymbol{y})$ 表示 $X_i=x_i$ 的概率，其是通过联合考虑空间相关 $\boldsymbol{\Phi}_{\boldsymbol{X}}(\boldsymbol{x})$ 和传感数据 $\boldsymbol{y}$ 来进行的。因此，给定一个估计的 $\hat{p}_{X_i}(x_i|\boldsymbol{y})$，$SU_i$ 决定 $\hat{x}_i=1$。如果 $\hat{p}_{X_i}(1|\boldsymbol{y})\geqslant\mathcal{T}$（$\mathcal{T}\in(0,1)$ 是一个阈值），否则决定 $\hat{x}_i=0$。

3.2.3 基于置信传播的协同感知决策

在 MRF 先验分布下，MARG – MRF 通过边缘化（marginalization）来推断频谱状态。具体来说，将 MRF 先验与感知数据相结合，可以获得所有单一系统频谱

状态的后验分布。然后,SU 的感知决策是基于 SU 频谱状态的边缘分布做出的,该边缘分布可以通过对所有其他 SU 的频谱状态求和而从后验分布计算得到。由于维数灾难,精确计算边际分布在大规模次用户网络中是不切实际的。所幸的是,由于 MRF 的简单结构,边际分布可以近似地通过置信传播算法来计算[30],其中 SU 通过与其邻近迭代交换消息来分布式估计它们相应的边际分布。

置信传播算法是一种基于图模型的信息处理算法,主要用于进行概率推理。在协同频谱感知的场景中,置信传播用来处理和融合来自多个 SU 的信息,从而得出关于频谱使用情况的全局决策。置信传播算法利用 MRF 来建模 SU 之间的相互关系及其对频谱占用状态的感知。

在具体应用中,每个 SU 作为图模型中的一个节点,节点之间的连接表示相邻 SU 之间的相互关系。这些关系反映了频谱占用状态的空间相关性。每个节点在置信传播算法中维护先验信息和消息两类信息。先验信息是指每个 SU 关于频谱占用的初始判断,而消息是指节点间传递的关于频谱状态的信息。

置信传播的过程可以分为信息的发送和更新两个主要步骤。在信息发送阶段,每个 SU 节点根据其先验信息和从邻居节点接收到的消息计算一个新的消息。这个消息随后发送给其他节点。消息的计算可以用以下的公式表示:

$$m_{i\to j}(x_j) = \sum_{x_i} f_{i,j}(x_i, x_j) \prod_{k\in N(i)\setminus j} m_{k\to i}(x_i) \tag{3-10}$$

式中:$m_{i\to j}(x_j)$为节点 i 发送给节点 j 的消息;$f_{i,j}(x_i,x_j)$是节点 i 和 j 之间的相互关系函数;$N(i)$为节点 i 的邻居节点集合;x_i 和 x_j 分别是节点 i 和 j 的频谱占用状态。

在信息更新阶段,每个 SU 节点根据从邻居节点接收到的消息以及其自身的先验信息更新其对频谱占用状态的信念。节点 i 的信念更新公式如下:

$$b_i(x_i) = \alpha f_i(x_i) \prod_{k\in N(i)} m_{k\to i}(x_i) \tag{3-11}$$

式中:$b_i(x_i)$为节点 i 对于状态 x_i 的信念;α 为归一化常数,确保信念值的总和为 1;$f_i(x_i)$为节点 i 对于状态 x_i 的先验信息。

通过反复进行信息发送和更新步骤,网络中的每个节点都能够逐渐获得更加准确的频谱占用信息。最终,当算法收敛时,每个 SU 的信念将反映其对整个网络频谱使用情况的全局理解。

MARG – MRF 感知融合架构使用 MRF 模型用于近似 SU 间成对关系的频谱状态的先验分布。通过将 MRF 先验与感知数据相结合,可以构建频谱状态的后验分布。给定这个后验分布,CSS 任务通过利用置信传播(Belief Propagation,BP)算法推断每个 SU 的边缘后验分布来完成。然而,由于 BP 算法缺乏理论保证,并且存在高计算和通信开销,因此将这些基于 BP 的 CSS 方法应用于密集或大型次级网络是具有挑战性的。因此,下面将进一步介绍 MAP – MRF 协同感知架构,其拥有更低的计算和通信复杂性,并且可以部署于集中式、分布式和集群网络。

算法 3.1 置信传播算法

输入:网络拓扑 $G(V,E)$,节点 i 的先验信息 $f_i(x_i)$,邻居节点消息 $m_{k\to i}(x_i)$

输出:每个节点 i 更新后的信念 $b_i(x_i)$

初始化:每个节点 i 的消息 $m_{k\to i}(x_i)$

repeat

  信息发送阶段:

  for 每个节点 $i\in V$ **do**

    for 每个邻居节点 $j\in N(i)$ **do**

      计算消息 $m_{i\to j}(x_j)$:

      $m_{i\to j}(x_j) = \sum_{x_i} f_{i,j}(x_i,x_j) \prod_{k\in N(i)\setminus j} m_{k\to i}(x_i)$

    end for

  end for

  信息更新阶段:

  for 每个节点 $i\in V$**do**

    计算更新后的信念 $b_i(x_i)$:

    $b_i(x_i) = \alpha f_i(x_i) \prod_{k\in N(i)} m_{k\to i}(x_i)$

  end for

until 收敛

3.3 基于 MAP - MRF 的异构协同感知决策

3.3.1 基于 MAP - MRF 的数据融合架构

不同于 MARG - MRF 中考虑的边缘化问题(3 - 9),基于 MAP - MRF 的数据融合架构考虑 x 的最大后验估计。具体来说,给定 $\boldsymbol{\Phi}_X(x)$ 和 y,求解 $\boldsymbol{x}^{\mathrm{MAP}} = [x_1^{\mathrm{MAP}}, x_2^{\mathrm{MAP}}, \cdots, x_N^{\mathrm{MAP}}]$ 如下:

$$\boldsymbol{x}^{\mathrm{MAP}} = \underset{x}{\operatorname{argmax}}\left\{ \prod_{(i,j)\in\varepsilon} \phi(x_i,x_j) \prod_{i\in\mathcal{V}} \gamma^{x_i} f_{Y\mid X}(y_i \mid x_i) \right\} \tag{3-12}$$

式中:权重 $\gamma>0$(类似于 $\mathcal{T}$)引入了检测概率和虚警概率之间的权衡。可以看出,$\boldsymbol{x}^{\mathrm{MAP}}$ 是 $\boldsymbol{x}$ 的最可能的取值,在给定空间相关性 $\boldsymbol{\Phi}_X(x)$ 和感知数据 y 的情况下。换句话说,通过确定 SU 的频谱状态 $\hat{\boldsymbol{x}} \triangleq [\hat{x}_1, \hat{x}_2, \cdots, \hat{x}_N] = \boldsymbol{x}^{\mathrm{MAP}}$,基于 MRF 先验和感测观察,最大化了正确确定 SU 频谱状态的"相似性"。

协同感知决策模式(3 - 9)和模式(3 - 12)是通过 MRF 模型有效融合数据

的有意义的感知决策方案。确定哪一个是理论上更合适的公式并不重要，因为MRF模型仅仅是SU实际空间相关性的近似。关键是，决策模式(3－12)可以比决策模式(3－9)更有效和灵活地解决，这将在下面讨论。

为了方便CSS算法在子序列部分的开发，本节为任意x定义了一个函数，称为后验能量，即

$$E(\boldsymbol{x}) = -\ln\left(\prod_{(i,j)\in\mathcal{E}}\phi(x_i,x_j)\prod_{i\in\mathcal{V}}\gamma^{x_i}f_{Y|X}(y_i|x_i)\right) = \sum_{(i,j)\in\mathcal{E}}\kappa(x_i,x_j) + \sum_{i\in\mathcal{V}}\eta_i(x_i) \tag{3-13}$$

式中：$\kappa(x_i,x_j)$称为边缘能量，定义为

$$\kappa(x_i,x_j) = -\ln(\phi(x_i,x_j)) = -\beta(x_ix_j+(1-x_i)(1-x_j)) \tag{3-14}$$

并且$\eta_i(x_i)$称为单元能量，定义为

$$\eta_i(x_i) = -\ln(\gamma^{x_i}f_{Y|X}(y_i|x_i)) \tag{3-15}$$

很容易看出

$$\boldsymbol{x}^{\text{MAP}} = \underset{\boldsymbol{x}}{\operatorname{argmin}}\{E(\boldsymbol{x})\} \tag{3-16}$$

这就是MAP－MRF问题。下面将开发三个CSS算法来(近似)求解$\boldsymbol{x}^{\text{MAP}}$。

3.3.2 基于图割算法的协同感知决策

1. BF－graph和最小割

本节定义一个BF－graph及其相关的最小割问题。BF－graph是一个有加权边的无向图，用$\mathcal{G}^{\text{BF}}=(\mathcal{V}^{\text{BF}},\mathcal{E}^{\text{BF}},c(\cdot))$表示，其中$\mathcal{V}^{\text{BF}}$，$\mathcal{E}^{\text{BF}}$和$c(\cdot)$分别表示节点集、边集和与边相关的代价函数。

节点集和边集由SU－graph $\mathcal{G}$构造如下。本节定义一个节点集$\mathcal{V}^{\text{BF}}=\mathcal{V}\cup\{b,f\}$，其中$b$和$f$分别是代表“忙”和“闲”频谱状态的两个节点。图3－5是BF－graph的示例，其是由图3－4中的SU－graph构造而成的。

定义一个边集$\mathcal{E}^{\text{BF}}=\mathcal{E}\cup\{(b,i)\}_{i\in\mathcal{V}}\cup\{(f,i)\}_{i\in\mathcal{V}}$。也就是说，$\mathcal{E}^{\text{BF}}$由$\mathcal{E}$，$\{(b,i)\}_{i\in\mathcal{V}}$和$\{(f,i)\}_{i\in\mathcal{V}}$三类边组成。

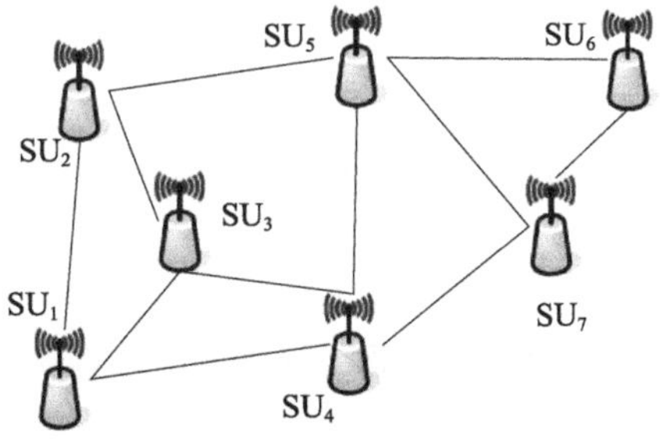

图3－4 SU－graph的一个例子

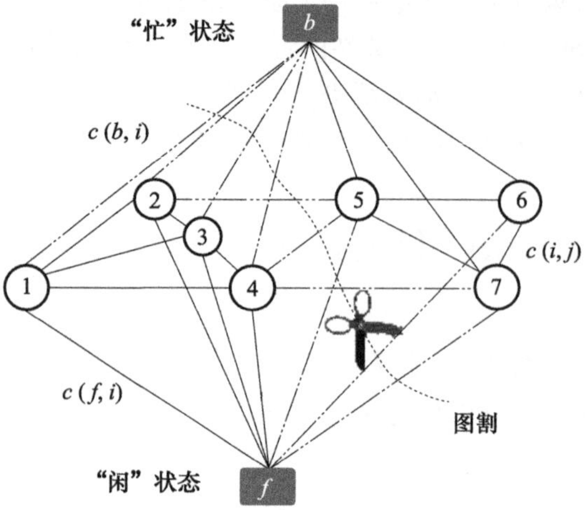

图 3-5　BF-graph 和图切割

边代价函数 $c(\cdot)$ 适用于以下三种边。本节将边 $(i,j)\in\mathcal{E}$ 的代价指定为

$$c(i,j)=\beta \tag{3-17}$$

指定 (b,i)，$\forall i$ 的代价为

$$c(b,i)=\eta_i(0)+M_i \tag{3-18}$$

指定 (f,i)，$\forall i$ 的代价为

$$c(f,i)=\eta_i(1)+M_i \tag{3-19}$$

其中，$\eta_i(0)$ 和 $\eta_i(1)$ 定义于式(3-15)，且 M_i 为常数，确保 $c(b,i)$ 和 $c(f,i)$ 均为非负。例如，可以定义 $M_i=\ln(\gamma f(y_i\mid 1)+f(y_i\mid 0))$。

分割 $K=(\mathcal{B},\mathcal{F})$ 关于 BF-graph 的二分图，使得 $\mathcal{V}^{\mathrm{BF}}$，$\mathcal{B}\cap\mathcal{F}=\varnothing$，$\mathcal{B}\cup\mathcal{F}=\mathcal{V}^{\mathrm{BF}}$，$b\in\mathcal{B}$ 且 $f\in\mathcal{F}$ 切割 K 定义为 $\mathcal{E}^K=\{(i,j)\in\mathcal{E}^{\mathrm{BF}}\mid i\in\mathcal{B},j\in\mathcal{F}\}$。

BF-graph 的切割 $K=(\mathcal{B},\mathcal{F})$ 是 $\mathcal{V}^{\mathrm{BF}}$ 的二分，使得 $\mathcal{B}\cap\mathcal{F}=\varnothing$，$\mathcal{B}\cup\mathcal{F}=\mathcal{V}^{\mathrm{BF}}$，$b\in\mathcal{B}$ 和 $f\in\mathcal{F}$。

可以看出，在去除 $\mathcal{E}^K$ 的边之后，图 $\mathcal{G}^{\mathrm{BF}}$ 中的节点 b 与节点 f 是分离的。代价函数 $\mathcal{G}^{\mathrm{BF}}$ 关于切割 $c(K)$ 定义为 $\mathcal{E}^K$ 内所有边的代价总和，即

$$c(K)=\sum_{e\in\mathcal{E}^K}c(e)$$

在图 3-5 的示例中，$(\mathcal{B}=\{b,5,6,7\},\mathcal{F}=\{f,1,2,3,4\})$ 定义了一个切割，其代价为 $\sum_{i=1}^{4}c(f,i)+\sum_{i=5}^{7}c(b,i)+3\beta$。

将 $\mathcal{K}$ 表示为所有可能的切割。最小切割 K^* 是在 $\mathcal{K}$ 中达到最小代价的切割，即

$$K^*=\underset{K\in\mathcal{K}}{\operatorname{argmin}}\{c(K)\} \tag{3-20}$$

基于定理3.1,问题(3-20)可以有效地解决,这在参考文献[31]中得到证明。

定理3.1 对于有 N 个节点和 $|\mathcal{E}|$ 条边的 SU-graph,问题(3-20)(通过福特-福克森(Ford-Fulkerson)算法[32])用时间复杂度为 $\mathcal{O}(N\cdot|\mathcal{E}|^2)$ 来求解。

2. MAP-MRF = min-cut

本小节说明获得 MAP 解法 $\boldsymbol{x}^{\mathrm{MAP}}$ 与最小割 K^* 的等价性。

首先,可以很容易地证明图割 $K\in\mathcal{K}$ 和感知决策向量 $\boldsymbol{x}\in\{0,1\}^N$ 之间存在一一对应的映射。具体来说,对于任何 K,都定义一个决策向量 $\boldsymbol{x}^K=[x_1^K,x_2^K,\cdots,x_N^K]$ 如下:

$$x_i^K=\begin{cases}1,i\in\mathcal{B}\\0,i\in\mathcal{F}\end{cases}\tag{3-21}$$

另外,对于任何感知决策 $\boldsymbol{x}$,$(b\cup\{i\}_{x_i=1},f\cup\{i\}_{x_i=0})$ 定义一个切割。

其次,证明(除了一个常数)切割 K 的代价等于 K 的后验能量公式(3-21)。

引理3.1 对于任意 K 及其对应的决策向量 $\boldsymbol{x}^K$,有

$$c(K)=E(\boldsymbol{x}^K)+\text{constant}$$

证明:注意 $c(K)$ 可以表示为

$$c(K)=\sum_{e\in\mathcal{E}^{fi}}c(e)+\sum_{e\in\mathcal{E}^{bi}}c(e)+|\mathcal{E}^K\cap\mathcal{E}|\cdot\beta\tag{3-22}$$

式中:$\mathcal{E}^{fi}=\{(f,i)\}_{i\in\mathcal{V}}\cap\mathcal{E}^K$,$\mathcal{E}^{bi}=\{(b,i)\}_{i\in\mathcal{V}}\cap\mathcal{E}^K$。因为 $(f,i)\in\mathcal{E}^{fi}$ 暗示 $i\in\mathcal{B}$。因此,$x_i^K=1$ 根据式(3-21),可得

$$\sum_{e\in\mathcal{E}^{fi}}c(e)=\sum_{i:x_i^K=1}\eta_i(1)+\sum_{i:x_i^K=1}M_i\tag{3-23}$$

同样,可得

$$\sum_{e\in\mathcal{E}^{bi}}c(e)=\sum_{i:x_i^K=0}\eta_i(0)+\sum_{i:x_i^K=0}M_i\tag{3-24}$$

进一步可得

$$\begin{aligned}|\mathcal{E}^K\cap\mathcal{E}|\cdot\beta&=|\mathcal{E}|\cdot\beta-|\mathcal{E}\backslash\mathcal{E}^K|\cdot\beta\overset{a}{=}|\mathcal{E}|\cdot\beta+\sum_{(i,j)\in\mathcal{E}\backslash\mathcal{E}^K}\kappa(x_i^K,x_j^K)\\&\overset{b}{=}|\mathcal{E}|\cdot\beta+\sum_{(i,j)\in\mathcal{E}}\kappa(x_i^K,x_j^K)\end{aligned}\tag{3-25}$$

式中:等式 a 成立,因为 $(i,j)\notin\mathcal{E}^K$,意味着 $x_i^K=x_j^K$ 且 $\kappa(x_i^K,x_j^K)=-\beta$;等式 b 成立,因为如果 $(i,j)\in\mathcal{E}^K$,可得 $x_i^K\neq x_j^K$ 且 $\kappa(x_i^K,x_j^K)=0$。求和式(3-23)~式(3-25)并比较式(3-13),可得

$$c(K)=E(\boldsymbol{x}^K)+\sum_{i=1}^{N}M_i+|\mathcal{E}|\cdot\beta\tag{3-26}$$

注意：$\sum_{i=1}^{N} M_i + |\mathcal{E}| \cdot \beta$ 是一个不依赖于 $\boldsymbol{x}^K$ 的常数。

上面已经证明了从 K 到 $\boldsymbol{x}^K$ 的映射是双射的，下面给出定理 3.2。

定理 3.2 假设 K^* 是 $\mathcal{G}^{\mathrm{BF}}$ 的最小切割，$x^{\mathrm{MAP}} = x^{K^*}$。

定理 3.2 表明，通过求解最小割问题(3－16)，可以精确地解决 MAP－MRF 问题(3－25)，最小割问题的复杂性为 $\mathcal{O}(N \cdot |\mathcal{E}|^2)$，如定理 3.1 所述。请注意：

边数 $|\mathcal{E}|$ 是次用户网络密度，可以得出结论，GC－CSS 相对于网络大小和网络密度具有多项式时间复杂度。

总结以上概念，GC－CSS 算法在算法 3.2 中给出，其中 MinCut(·)能够求解问题(3－20)中表示的任何最小割算法(如 Ford－Fulkerson 算法，也参见参考文献[34])。

算法 3.2　GC－CSS
1: **procedure**GC－CSS($\{y_i\}_{i\in\mathcal{V}}, \mathcal{G}$, MinCut(·))
2:　　构建 $\mathcal{V}^{\mathrm{BF}}$ 和 $\mathcal{E}^{\mathrm{BF}}$ from$\mathcal{G}$
3:　　基于$\{y_i\}_{i\in V}$，为 $c(e)$ 指派 $e\in\mathcal{E}^{\mathrm{BF}}$ 通过式(3－17)～式(3－19)
4:　　得到 BF－Graph$\mathcal{G}^{\mathrm{BF}} = (\mathcal{V}^{\mathrm{BF}}, \mathcal{E}^{\mathrm{BF}}, c(\cdot))$
5:　　找到最小割 $K^* = \mathrm{MinCut}(\mathcal{G}^{\mathrm{BF}})$
6:　　通知 SU 感知决策 $\hat{\boldsymbol{x}} = \boldsymbol{x}^{K^*}$
7: **end procedure**

3.3.3 基于对偶分解理论的分布式感知决策

1. 将 SU－graph 划分成子图

考虑一个具有 $L(L\leqslant N)$ 个簇的次用户网络，其簇首分别表示为 $\mathrm{CH}_1, \mathrm{CH}_2, \cdots, \mathrm{CH}_L$。假设将 N 个 SU 完全且唯一地分配给 L 个簇首。具体地说，$\mathcal{C}_l$ 表示 SU 的集合分配给 CH_l，可得若 $\mathcal{C}\neq m$，且 $\cup_{\mathcal{C}=1}^{L}\mathcal{C}_l = \mathcal{V}$，则 $\mathcal{C}_l \cap \mathcal{C}_m = \phi$。

CH_l 从 $\mathrm{SU}_{\mathcal{C}_l}$（即$\{\mathrm{SU}_i\}_{i\in\mathcal{C}_l}$）收集感知和邻近信息，并为 SU 做出感知决策，并把 $\mathrm{SU}_{\mathcal{C}_l}$ 命名为成员集合 SU 来自 CH_l，进一步将 $\rho(i)$ 表示为 SU_i 所属簇的标号。例如，在图 3－6 中，得出 $\mathcal{C}_1 = \{1,2,3\}$，$\mathcal{C}_2 = \{4,5,6,7\}$，$\rho(i) = 1, \forall i\in\mathcal{C}_1$ 和 $\rho(i) = 2, \forall i\in\mathcal{C}_2$。

在 CH_l，子图 $\mathcal{G}_l = (\mathcal{V}_l, \mathcal{E}_l)$ 可以通过基于相邻聚类的一些附加信息进行构造。具体而言，节点集 $\mathcal{V}_l$ 定义为

$$\mathcal{V}_l = \mathcal{C}_l \cup \{i\in\mathcal{V} \mid \mathcal{N}(i)\cap\mathcal{C}_l \neq \varnothing, \rho(i) > l\} \tag{3-27}$$

式中：$\mathcal{N}(i)$表示相邻SU的集合出自SU_i，边集$\mathcal{E}_l$关于$\mathcal{G}_l$定义为

$$\mathcal{E}_l = \{(i,j) \in \mathcal{E} | i,j \in \mathcal{C}_l\} \cup \{(i,j) \in \mathcal{E} | i \in \mathcal{C}_l, j \in \mathcal{V}_l \backslash \mathcal{C}_l\} \quad (3-28)$$

注意：$\mathcal{V}_l$（定义于式(3-27)）和$\mathcal{E}_l$（定义于式(3-28)）的构造保证了$\mathcal{G}$的任何边在所有子图中都恰好出现一次，如引理3.2所述。

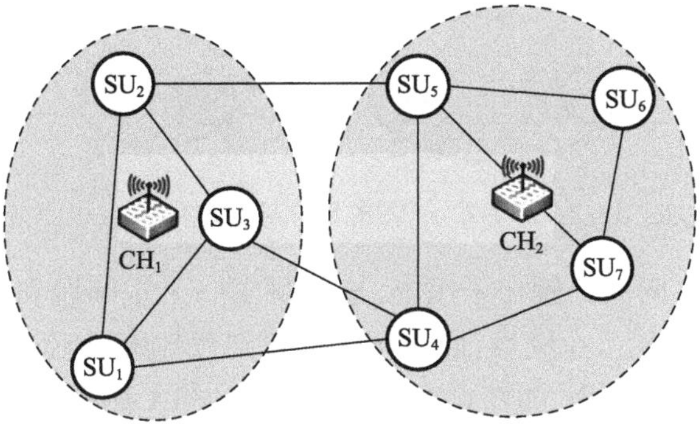

图3-6 基于簇的次用户网络

引理3.2 给定L个子图由式(3-27)和式(3-28)构造，可得$\mathcal{E}_l \cap \mathcal{E}_m = \varnothing$，$\forall l \neq m$，$\cup_{l=1}^{L} \mathcal{E}_l = \mathcal{E}$。

证明：对于一个边$(i,j) \in \mathcal{E}$，如果$(i,j) \in \mathcal{E}$且$i,j \in \mathcal{C}_l$，则根据式(3-28)可得$(i,j) \in \mathcal{E}_l$。但是正如$i,j \in \mathcal{C}_l$所暗示的$i,j \notin \mathcal{C}_m$，$\forall m \neq l$（注意$\{\mathcal{C}_l\}_l$是不相交的），可得$(i,j) \notin \mathcal{E}_m$，$\forall m \neq l$。

另外，给定边$(i,j) \in \mathcal{E}$具有$i \in \mathcal{C}_l$，$j \in \mathcal{C}_m$且$l < m$（不失一般性），然后可得$j \in \mathcal{V}_l$和$i \notin \mathcal{V}_m$。而这又进一步暗示(i,j)且$(i,j) \notin \mathcal{E}_m$。同时，考虑$\{\mathcal{C}_l\}_l$是不相交的，可得出结论$(i,j)$唯一地属于$\mathcal{E}_l$。

引理3.2声明：子图之间没有公共边。然而，一个子图可能在某些节点（即SU）与另一个子图重叠。具体来说，如果它包含在多个子图中，则称SU为gate-SU。

$$\mathcal{L}(i) = \{l \mid i \in \mathcal{V}_l\} \quad (3-29)$$

表示SU_i涉及的子图的集合（索引），gate-SU的集合可以定义为

$$\mathcal{H} = \{i \in \mathcal{V} \mid |\mathcal{L}(i)| > 1\} \quad (3-30)$$

其中，SU的设置

$$\mathcal{H}_l = \{i \in \mathcal{V}_l \mid |\mathcal{L}(i)| > 1\} \quad (3-31)$$

称为CH_l的gate-SU。作为一个例子，图3-7基于聚类的次用户网络构建的子图$\mathcal{G}_1$和$\mathcal{G}_2$。结合图3-6可以看出，这两个子图在gate-SU的SU_4和SU_5处重叠。

2. DD-CSS：簇间消息传递算法

给定子图$\{\mathcal{G}_l\}_l$，对偶分解[35]用于解决MAP-MRF问题式(3-16)。具体

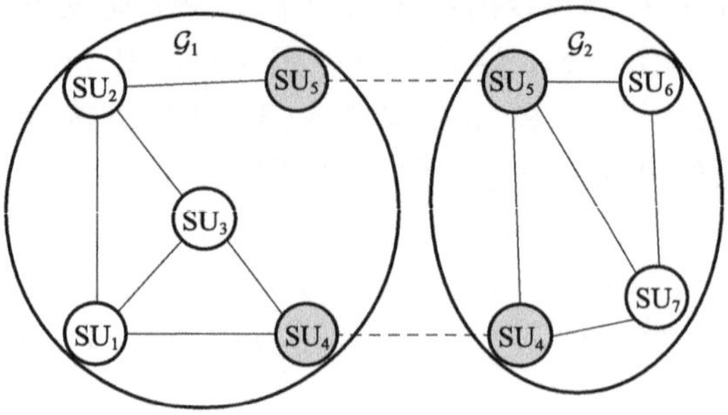

图 3 –7　子图的划分与重叠关系

来说,MAP – MRF 问题分解在子图上,这提供了一个主问题和一个从问题。这些从问题分别分配给 L 个簇首;而主问题通过迭代地解决它们的从问题来协调 L 个簇头解决 MAP – MRF 问题。本小节将详细介绍上述步骤。

1)在子图上分解 MAP – MRF 问题

根据引理 3. 2 和式(3 –29),可以将子图的后验能量分解为

$$E(\boldsymbol{x}) = \sum_{l=1}^{L} E_l(\boldsymbol{x}) \tag{3-32}$$

式中:$E_l(\boldsymbol{x})$定义为

$$E_l(\boldsymbol{x}) = \sum_{i \in \mathcal{V}_l} \frac{1}{|\mathcal{L}(i)|}\eta_i(x_i) + \sum_{(i,j) \in \mathcal{E}_l} \kappa(x_i, x_j) \tag{3-33}$$

注意:$E_l(\boldsymbol{x})$可以在 CH_l 用局部拓扑信息 $\mathcal{G}_l$ 和局部感知数据值$\{y_i\}_{i \in \mathcal{V}_l}$来构造。我们希望解决 MAP – MRF 问题式(3 – 16)(即最小化 $E(\boldsymbol{x})$)。通过让每个簇首,如 CH_l,来确定其感知决策向量 $\boldsymbol{x}^{(l)} \in \{0,1\}^N$ 通过考虑 $E_l(\boldsymbol{x}^{(l)})$实现。请注意,虽然$\boldsymbol{x}^{(l)}_{\mathcal{V}\setminus\mathcal{V}_l}$(即 $x_i^{(l)}$, $\forall i \notin \mathcal{V}_l$)值不影响 $E_l(\boldsymbol{x}^{(l)})$,但可将$\boldsymbol{x}^{(l)}$定义为 N 维向量便于标注。

然而,独立地最小化 $E_l(\boldsymbol{x}^{(l)})$, $\forall l$ 并不能解决问题式(3 – 16),因为相邻的子图在 gate – SU 处耦合。因此,CH_l 和 CH_m 的决策在 $\mathrm{SU}_{\mathcal{H}_l \cap \mathcal{H}_m}$,即 $x_i^{(l)} = x_i^{(m)}$, $\forall i \in \mathcal{H}_l \cap \mathcal{H}_m$ 处应该相等。等效地,可以引入 H_l 辅助变量 $\boldsymbol{z} \in \{0,1\}^N$,并要求,对于所有 $\boldsymbol{x}^{(l)}_{\mathcal{H}_l} = \boldsymbol{z}_{\mathcal{H}_l}$(即 $x_i^{(l)} = z_i$, $\forall i \in \mathcal{H}_l$)。总之,MAP – MRF 问题式(3 – 16)可以重新表述为

$$\begin{cases} \underset{\{\boldsymbol{x}^{(l)}\}_l, \boldsymbol{z}}{\text{minimize}} \ \sum_{l=1}^{L} E_l(\boldsymbol{x}^{(l)}) \\ \text{s. t. } \boldsymbol{x}^{(l)}_{\mathcal{H}_l} = \boldsymbol{z}_{\mathcal{H}_l}, \ \forall l \end{cases} \tag{3-34}$$

下面通过拉格朗日乘数法放松问题式(3 – 34)的约束[36]。具体来说,通过

引入(拉格朗日)乘数$\{\boldsymbol{\lambda}^{(l)} \in \mathbb{R}^N\}_l$达到

$$\lambda_i^{(l)}=0, \forall l, \forall i \notin \mathcal{H}_l \tag{3-35}$$

问题式(3-34)放宽为

$$\underset{\{\boldsymbol{x}^{(l)}\}_l, z}{\text{minimize}} \sum_{l=1}^{L} E_l(\boldsymbol{x}^{(l)}) + \sum_{l=1}^{L} \langle \boldsymbol{\lambda}^{(l)}, \boldsymbol{x}^{(l)} - z \rangle \tag{3-36}$$

式中:$\langle \cdot, \cdot \rangle$表示内积。从式(3-36),对偶函数$g(\{\boldsymbol{\lambda}^{(l)}\}_l)$定义为

$$g(\{\boldsymbol{\lambda}^{(l)}\}_l) = \min_{\{\boldsymbol{x}^{(l)}\}_l, z} \left\{ \sum_{l=1}^{L} E_l(\boldsymbol{x}^{(l)}) + \sum_{l=1}^{L} \langle \boldsymbol{\lambda}^{(l)}, \boldsymbol{x}^{(l)} - z \rangle \right\} \tag{3-37}$$

注意对偶函数$g(\{\boldsymbol{\lambda}^{(l)}\}_l)$具有任意$\{\boldsymbol{\lambda}^{(l)}\}_l$,实际上是后验能量$E(\boldsymbol{x})$的下界,因为有

$$g(\{\boldsymbol{\lambda}^{(l)}\}_l) \leqslant \sum_{l=1}^{L} E_l(\boldsymbol{x}) + \sum_{l=1}^{L} \langle \boldsymbol{\lambda}^{(l)}, \boldsymbol{x} - \boldsymbol{x} \rangle = E(\boldsymbol{x}) \tag{3-38}$$

式中的不等式在$\boldsymbol{x}^{(l)} = z = \boldsymbol{x}$时成立。

2)确定主问题和从问题

从双重函数$g(\cdot)$,可以定义主问题和从问题。在此之前,进一步简化对偶函数。具体来说,$g(\cdot)$(定义于式(3-37))可以改写为

$$g(\{\boldsymbol{\lambda}^{(l)}\}_l) = \min_{\{\boldsymbol{x}^{(l)}\}_l, z} \left\{ \sum_{l=1}^{L} (E_l(\boldsymbol{x}^{(l)}) + \boldsymbol{\lambda}^{(l)}, \boldsymbol{x}^{(l)}) - \sum_{i \in \mathcal{H}} \left(\sum_{l \in \mathcal{L}(i)} \lambda_i^{(l)} \right) z_i \right\}$$

此外,通过约束乘数

$$\sum_{l \in \mathcal{L}(i)} \lambda_i^{(l)} = 0, \forall i \in \mathcal{H} \tag{3-39}$$

可以把z去掉,简化$g(\{\boldsymbol{\lambda}^{(l)}\}_l)$为

$$g(\{\boldsymbol{\lambda}^{(l)}\}_l) = \sum_{l=1}^{L} \min_{\boldsymbol{x}^{(l)}} \{E_l(\boldsymbol{x}^{(l)}) + \boldsymbol{\lambda}^{(l)}, \boldsymbol{x}^{(l)}\} \tag{3-40}$$

在此,主问题和从问题被定义。具体来说,第l个从问题定义为

$$g_l(\boldsymbol{\lambda}^{(l)}) = \min_{\boldsymbol{x}^{(l)}} \{E_l(\boldsymbol{x}^{(l)}) + \boldsymbol{\lambda}^{(l)}, \boldsymbol{x}^{(l)}\} \tag{3-41}$$

它被分配给CH_l。主问题定义为

$$\underset{\{\boldsymbol{\lambda}^{(l)}\}_{l \in \Lambda}}{\text{maximize}} g(\{\boldsymbol{\lambda}^{(l)}\}_l) = \sum_{l=1}^{L} g_l(\boldsymbol{\lambda}^{(l)}) \tag{3-42}$$

式中:

$$\Lambda \triangleq \left\{ \{\boldsymbol{\lambda}^{(l)}\}_l \mid \overbrace{\sum_{l \in \mathcal{L}(i)} \lambda_i^{(l)} = 0, \forall i \in \mathcal{H}}^{(a)}, \overbrace{\lambda_i^{(l)} = 0, \forall l, \forall i \notin \mathcal{H}_l}^{(b)} \right\} \tag{3-43}$$

请注意,在式(3-43)中,约束(a)出自式(3-39),约束(b)出自式(3-35)。下面将展示:

(1)主问题可以通过迭代解决从问题来解决。

(2)第 l 从问题可以在CH_l 解决,通过应用 GC - CSS。

(3)主问题的解决实际上是协调簇首来恢复 $\boldsymbol{x}^{\mathrm{MAP}}$。

3)用从问题解决方案解决主问题

由于主问题(式(3 - 42))是凹的,它可以用投影超梯度方法通过迭代更新乘数来解决。具体来说,将$\{\boldsymbol{\lambda}^{(l,t)}\}_l$ 表示为第 $t(t\geqslant 0)$迭代的乘数,$\boldsymbol{\lambda}^{(l,t)}$迭代更新为

$$\boldsymbol{\lambda}^{(l,t+1)}=[\boldsymbol{\lambda}^{(l,t)}+\alpha_t\cdot\nabla g_l(\boldsymbol{\lambda}^{(l,t)})]_{\Lambda},\ \forall l \tag{3-44}$$

式中:$\boldsymbol{\lambda}^{(l,0)}=0$;$\alpha_t\in(0,1)$为步长;$\nabla g_l(\boldsymbol{\lambda}^{(l,t)})$为 $g_l(\cdot)$在$\boldsymbol{\lambda}^{(l,t)}$的超梯度(supergradient);$[\cdot]_{\Lambda}$ 为式(3 - 43)上的投影。

由参考文献[37],有以下定理。

定理 3.3 假设 α_t 满足(如 $\alpha_t=1/t$) $\sum\limits_{t=0}^{\infty}\alpha_t=\infty$ 和 $\sum\limits_{t=0}^{\infty}\alpha_t^2<\infty$,则当 $t\to\infty$ 时,通过式(3 - 44)更新得到的乘数$\{\boldsymbol{\lambda}^{(l,t)}\}_l$,可以解决主问题(式(3 - 42))。其中,超梯度$\nabla g_l(\boldsymbol{\lambda}^{(l,t)})$在引理 3.3 给出。

引理 3.3 设 $\boldsymbol{x}^{(l,t)}$是式(3 - 41)的解,$\boldsymbol{\lambda}^{(l)}=\boldsymbol{\lambda}^{(l,t)}$。可得$\nabla g_l(\boldsymbol{\lambda}^{(l,t)})=\boldsymbol{x}^{(l,t)}$。

证明:对于任何 $\boldsymbol{\lambda}^{(l)}\neq\boldsymbol{\lambda}^{(l,t)}$,可得

$$\begin{aligned}g_l(\boldsymbol{\lambda}^{(l)})&\leqslant E_l(\boldsymbol{x}^{(l,t)})+\langle\boldsymbol{\lambda}^{(l)},\boldsymbol{x}^{(l,t)}\rangle\\&=E_l(\boldsymbol{x}^{(l,t)})+\langle\boldsymbol{\lambda}^{(l,t)},\boldsymbol{x}^{(l,t)}\rangle+\langle\boldsymbol{\lambda}^{(l)}-\boldsymbol{\lambda}^{(l,t)},\boldsymbol{x}^{(l,t)}\rangle\\&=g_l(\boldsymbol{\lambda}^{(l,t)})+\langle\boldsymbol{\lambda}^{(l)}-\boldsymbol{\lambda}^{(l,t)},\boldsymbol{x}^{(l,t)}\rangle\end{aligned}$$

因此,从引理 3.3 和 Λ(定义于式(3 - 43))出发,$\boldsymbol{\lambda}^{(t,t)}$(定义于式(3 - 44))的更新规则简化为

$$\lambda_i^{(l,t+1)}=\lambda_i^{(l,t)}+\alpha_t\cdot\delta_i^{(l,t)},\ \forall l,\forall i \tag{3-45}$$

式中:$\delta_i^{(l,t)}$ 定义为

$$\delta_i^{(l,t)}=x_i^{(l,t)}-\frac{1}{|\mathcal{L}(i)|}\sum_{m\in\mathcal{L}(i)}x_i^{(m,t)} \tag{3-46}$$

从式(3 - 45)和式(3 - 46)可以看出,主问题可以通过迭代求解从问题来解决。下面将证明应用 GC - CSS 可以得到从问题解 $\boldsymbol{x}^{(l,t)}$。

4)用 GC - CSS 解决从问题

由于 $E_l(\cdot)$的定义(式(3 - 33))可知,在给定 $\boldsymbol{\lambda}^{(l,t)}$的情况下可得

$$\boldsymbol{x}^{(l,t)}=\underset{\boldsymbol{x}}{\operatorname{argmin}}\left\{\sum_{i\in\mathcal{V}_l}\eta_i^{(l,t)}(x_i)+\sum_{(i,j)\in\mathcal{E}_l}\kappa(x_i,x_j)\right\} \tag{3-47}$$

其中,$\eta_i^{(l,t)}(x_i)$定义为

$$\eta_i^{(l,t)}(x_i)=\begin{cases}\dfrac{1}{|\mathcal{L}(i)|}\eta_i(1)+\lambda_i^{(l,t)} & ,x_i=1\\[2ex]\dfrac{1}{|\mathcal{L}(i)|}\eta_i(0) & ,x_i=0\end{cases} \tag{3-48}$$

注意:在式(3-47)中,$\boldsymbol{x}_{\mathcal{V}\backslash\mathcal{V}_l}^{(l,t)}$ 可以取任意值,只需要确定$\boldsymbol{x}_{\mathcal{V}_l}^{(l,t)}$ 的值即可。因此,通过与式(3-16)的比较,式(3-47)可视为 MAP-MRF 问题,在子图 $\mathcal{G}_l$ 上具有边能量 $\boldsymbol{\kappa}$ 和单一能量 $\boldsymbol{\eta}_i^{(l,t)}$。

因此,式(3-47)可以通过解决相应的最小割问题来解决(定理 3.2)。具体来说,CH_l 可从 GC-CSS 获得 $\boldsymbol{x}_{\mathcal{V}_l}^{(l,t)}$(算法 3.2)方法是:①替换输入$\{y_i\}_{i\in\mathcal{V}}$和 $\mathcal{G}$,用$\{y_i\}_{i\in\mathcal{V}_t}$和 $\mathcal{G}_l$ 分别代替;②替换 $\boldsymbol{\eta}_i$ 用 $\boldsymbol{\eta}_i^{(l,t)}$ 在式(3-18)~式(3-19)中。

5)估计协同感知决策 x^{MAP}

到目前为止,本书已经表明,为了解决主问题,需要迭代地解决从问题(图 3-8),具体如下。

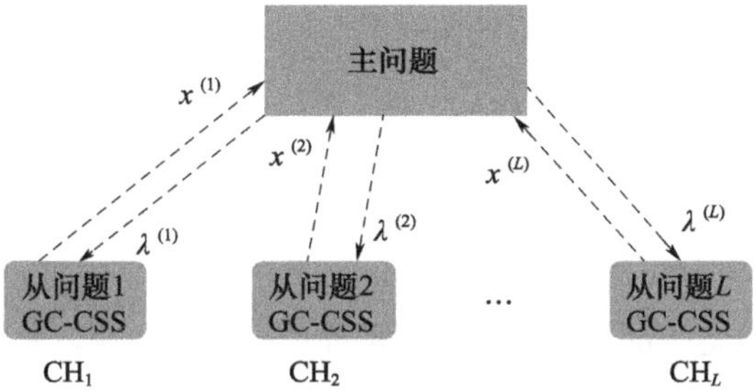

图 3-8 通过迭代求解从问题来解决主问题

(1)在第 t 次迭代中,假设主问题(式(3-42))有乘数$\{\boldsymbol{\lambda}^{(l,t)}\}_l$。那么对于所有 l:

① 发送 $\boldsymbol{\lambda}^{(l,t)}$ 至CH_l;

② CH_l 将 $\boldsymbol{\lambda}^{(t)}=\boldsymbol{\lambda}^{(l,t)}$代入 GC-CSS 中并求解从问题(式(3-41)),进而得到 $\boldsymbol{x}^{(l,t)}$;

③ CH_l 回传 $\boldsymbol{x}^{(l,t)}$。

(2)根据收到的$\{\boldsymbol{x}^{(l,t)}\}_l$,通过更新式(3-45)更新乘数$\{\boldsymbol{\lambda}^{(l,t+1)}\}_l$。

(3)设置 $t=t+1$,并重复该程序。

下面将展示:①主问题作为一个协调器工作,它协调各簇首,以使大家的决策在 gate-SU 处达成一致;②假设所有簇首都在 gate-SU 处达成一致,则可以通过从问题的解决方案恢复 $\boldsymbol{x}^{\mathrm{MAP}}$。

在第 t 次迭代中,在簇首决定$\{x^{(l,t)}\}_l$,假设不是所有相关的簇首(即$\mathrm{CH}_{\mathcal{L}(i)}$)都同意 x_i(SU_i 是 gate-SU),则必有

$$0<\frac{1}{|\mathcal{L}(i)|}\sum_{m\in\mathcal{L}(i)}x_i^{(m,t)}<1 \tag{3-49}$$

然后,从问题解$\{\boldsymbol{x}^{(l,t)}\}_l$ 被回传主问题,乘数更新如下:

(1)假设 $\mathrm{CH}_l(l\in\mathcal{L}(i))$已决定 $x_i^{(l,t)}$ 为 0(或 1)。

(2)从式(3-46)和式(3-49), $\sigma_i^{(l,t)}$ 小于(或大于)0。

(3)更新式(3-45),意味着更新的 $\boldsymbol{\lambda}_i^{(l,t+1)}$ 减少(或增加)了 $|\alpha_t\cdot\delta_i^{(l,t)}|$(相比于 $\boldsymbol{\lambda}_i^{(l,t)}$)。

接下来,第$(t+1)$次迭代开始。每个簇首,如CH_l,接收更新的乘数,并在 $\boldsymbol{\lambda}^{(l,t+1)}$ 处解决其从问题:

(1)从式(3-48)可知,给定 $\boldsymbol{\lambda}_i^{(l,t+1)}$,更新的单一能量 $\boldsymbol{\eta}_i^{(l,t+1)}(1)$ 减少(或增加)了 $|\alpha_t\cdot\delta_i^{(l,t)}|$(相比于 $\boldsymbol{\eta}_i^{(l,t)}(1)$)。

(2)提醒一下,如式(3-15)中所定义的,有 $\boldsymbol{\eta}_i(1)=-\ln(\gamma f_{Y|X}(y_i|1))$,它与 $x_i=1$ 的可能性成反比。

(3)给定一个减少(或增加)的 $\boldsymbol{\eta}_i^{(l,t+1)}(1)$,在求解问题式(3-47)之后,$\mathrm{CH}_l$ 更有可能决定 $x_i^{(l,t+1)}$ 为1(或0)。

最后,由于所有的 $\mathrm{CH}_{\mathcal{L}(i)}$ 以这种方式调整 $\boldsymbol{\eta}_i(1)$,更有可能在第$(t+1)$次迭代对 x_i 的取值达成一致意见。

以上分析表明,乘数概括了相关簇的决策信息。从收到的乘数来看,如果一个簇首发现来自相关簇的分歧,就会“重新考虑”或改变其决定,以便在 gate-SU 上达成一致。经过 T 次迭代,如果所有的簇首都同意 gate-SU,那么就可以从从问题解决方案中恢复$\boldsymbol{x}^{\mathrm{MAP}}$,如下面的定理所述。

定理 3.4 假设在第 T 次迭代中,有

$$x_i^{(l,T)}=x_i^{(m,T)},\ \forall i,\forall l,m\in\mathcal{L}(i) \tag{3-50}$$

可以构建一个决策向量 $\boldsymbol{x}^{\mathrm{Agg}}$:

$$\boldsymbol{x}_{\mathcal{V}_l}^{\mathrm{Agg}}=\boldsymbol{x}_{\mathcal{V}_l}^{(l,T)},\ \forall l \tag{3-51}$$

它解决了 MAP-MRF 问题,$\boldsymbol{x}^{\mathrm{MAP}}=\boldsymbol{x}^{\mathrm{Agg}}$。

证明:由于 $\cup\mathcal{V}_l=\mathcal{V}$,式(3-51)在所有 SU 上分配感知决策。此外,由于式(3-50),分配期间没有限制。因此,式(3-51)唯一地定义了一个决策向量。

根据式(3-16)对 $\boldsymbol{x}^{\mathrm{MAP}}$的定义,得

$$E(\boldsymbol{x}^{\mathrm{Agg}})\geqslant E(\boldsymbol{x}^{\mathrm{MAP}}) \tag{3-52}$$

另外,假设 $\boldsymbol{x}^{(l,T)}$ 问题(式(3-41))中 $\boldsymbol{\lambda}^{(l,T)}$ 的求解,则可知

$$\begin{aligned} g(\{\boldsymbol{\lambda}^{(l,T)}\}_l) &\overset{a}{=} \sum_{l=1}^{L} E_l(\boldsymbol{x}^{\mathrm{Agg}}) + \sum_{i\in\mathcal{H}}\left(\sum_{l\in\mathcal{L}(i)}\lambda_i^{(l,T)}\right)x_i^{\mathrm{Agg}} \\ &\overset{b}{=} \sum_{l=1}^{L} E_l(\boldsymbol{x}^{\mathrm{Agg}}) = E(\boldsymbol{x}^{\mathrm{Agg}}) \leqslant E(\boldsymbol{x}^{\mathrm{MAP}}) \end{aligned} \tag{3-53}$$

其中,等式 a 根据式(3-40)和式(3-41)而得,等式 b 根据式(3-39)而得。因此,由式(3-52)和式(3-53)给出 $E(\boldsymbol{x}^{\mathrm{Agg}})=E(\boldsymbol{x}^{\mathrm{MAP}})$,进而得出 $\boldsymbol{x}^{\mathrm{Agg}}=\boldsymbol{x}^{\mathrm{MAP}}$。

本书已经直观地展示了协调簇首以在 gate - SU 处达成共识(如式(3 - 50)所定义)。定理 3.4 表明,如果达成一致,则解决了 MAP - MRF 问题。因此,CH_l 可以通过向 $SU_{\mathcal{C}_l}$ 通知当前从问题的解 $\boldsymbol{x}_{\mathcal{C}_l}^{(l,T)}$,进而完成 CSS 任务。

然而,对偶分解理论上不能保证条件式(3 - 50)(在一般情况下)。然而,给定足够大的 T,即使式(3 - 50)不是严格满足的,分歧应该发生在几个 gate - SU。因此,$x_{\mathcal{C}_l}^{(l,T)}$ 应该接近 $x_{\mathcal{C}_l}^{\mathrm{MAP}}$,仍然认为它是$CH_l$ 的感知决策。

在特殊情况下,子图不包含任何循环(如子图是树),理论上保证对偶分解能够解决 MAP - MRF 问题。具体来说,定理 3.5 是参考文献[38]得出的结果。

定理 3.5 假设$\{\boldsymbol{\lambda}^{(l*)}\}_l$ 是主问题求解时的乘数。将$\{\boldsymbol{x}^{(l*)}\}_l$ 表示为式(3 - 41)给定$\{\boldsymbol{\lambda}^{(l*)}\}_l$ 的求解,如果子图$\{\mathcal{G}_l\}_l$ 不包含任何循环,可得$\boldsymbol{x}_{\mathcal{V}_l}^{(l*)} = x_{\mathcal{V}_l}^{\mathrm{MAP}}(\forall l)$。

6)分布式实现和 DD - CSS

前述已经表明,主问题协调簇首来估计 $\boldsymbol{x}^{\mathrm{MAP}}$,其中关键是用乘数 $\boldsymbol{\lambda}^{(l,t)}$(定义于式(3 - 48))迭代更新从问题,并解决更新的从问题(式(3 - 47))。

下面将展示,在不显式解决主问题或跟踪乘数的情况下,通过在簇首之间交换消息,从问题可以等效地更新为式(3 - 48)。具体来说,初始化 $\eta_i^{(l,0)}(x_i)$ 为

$$\eta_i^{(l,0)}(x_i) = \frac{1}{|\mathcal{L}(i)|}\eta_i(x_i) \tag{3-54}$$

易证 $\eta_i^{(l,t)}$ 通过式(3 - 55)计算的值与式(3 - 48)计算的值相等

$$\eta_i^{(l,t+1)}(x_i) = \begin{cases} \eta_i^{(l,t)}(1) + \alpha_t \cdot \delta_i^{(l,t)}, & x_i = 1 \\ \eta_i^{(l,t)}(0), & x_i = 0 \end{cases} \tag{3-55}$$

其中,$\delta_i^{(l,t)}$ 定义于式(3 - 46)。注意,因为 $\mathcal{L}(i) = l, \forall i \notin \mathcal{H}_l$,式(3 - 54)和式(3 - 46)暗示 $\eta_i^{(l,t)} = \eta_i, \forall i \notin \mathcal{H}_l$。因此,在每次迭代中,只需要用 $\eta_i^{(l,t)}$ 在 gate - SU 中的 CH_l(用 $\delta_i^{(l,t)}$)。如果 $CH_{\mathcal{L}(i)\setminus\{l\}}$ 通知 CH_l 关于 x_i(式(3 - 46)),这是可以实现的。总之,假设所有簇首交换关于其公共 gate - SU 的决定,$\eta_i^{(l,t)}$ 都可以等价地更新为式(3 - 48)。

3.3.4 分布式次用户网络的 DD1 - CSS

对于分布式次用户网络,可以很容易地从 DD - CSS 中获得一个 CSS 算法。具体来说,可以通过在每个 SU 形成一个簇,将分布式网络视为基于簇的网络。在这个特殊的基于簇的次用户网络中应用 DD - CSS 协同感知方法,可以得到 DD1 - CSS 协同感知方法。它是一个完全分布式的 CSS 算法,其中 SU 通过迭代地与附近的 SU 交换其决策消息来合作地解决 MAP - MRF 问题(式(3 - 16))。本节将详细介绍 DD1 - CSS,并将其与 BP 算法进行比较。

1. **两跳消息传递**

本小节将展示 DD1 - CSS 是一个两跳的消息传递算法，其中 SU 与部分在两跳内的 SU 交换它的决定。

首先，按照 3.3.3 节中的方法将 SU - graph 分成 N 个子图。不失一般性，在 SU_i 形成第 i 个"簇"，即 $\mathcal{C}_i = i, \forall i \in \mathcal{V}$。因此，对于第 i 个子图 $\mathcal{G}_i = (\mathcal{V}_i, \mathcal{E}_i)$，构造的节点集 $\mathcal{V}_i$ 从式(3 - 27)构造，且可以表示为

$$\mathcal{V}_i = \{i\} \cup \mathcal{N}_L(i) \tag{3-56}$$

式中：

$$\mathcal{N}_L(i) \triangleq \{l \in \mathcal{N}(i) \mid l > i\} \tag{3-57}$$

代表 SU_i 的"大"邻居。由式(3 - 28)，边集 $\mathcal{E}_i$ 为

$$\mathcal{E}_i = \{(i,j) \mid j \in \mathcal{N}_L(i)\} \tag{3-58}$$

此外，从式(3 - 27)和式(3 - 29)，可以确定 SU_i 涉及的子图集合为

$$\mathcal{L}(i) = \{i\} \cup \mathcal{N}_S(i) \tag{3-59}$$

式中：$\mathcal{N}_S(i) \triangleq \{l \in \mathcal{N}(i) \mid l < i\}$ 代表 SU_i"小"邻居。从式(3 - 59)可以看出，$\mathcal{L}(i)$ 可通过式(3 - 31)识别 gate - SU$\mathcal{H}_i$。

其次，给定 $\mathcal{G}_i = (\mathcal{V}_i, \mathcal{E}_i)$，$\mathcal{H}_i$，$\{\mathcal{L}(j)\}_{j \in \mathcal{H}_i}$ 的上述信息，将 DD - CSS 通过应用于SU_i，给出如下信息交换和决策方案。

(1)在第 t 次迭代，SU_i 通过 GC - CSS 得到 $\{x_j^{(i,t)}\}_{j \in \mathcal{V}_i}$。

(2)如果 $t = T$，获得感知决策 $\hat{x}_i = x_i^{(i,T)}$ 并终止 DD1 - CSS，继续下一步骤。

(3)对于任何 $j \in \mathcal{H}_i$：

① SU_i 在 $\mathcal{L}(j) \setminus \{i\}$ 与所有 SU 交换其决定 $x_j^{(i,t)}$。

② 给定接收到的决策 $\{x_j^{(l,t)}\}_{l \in \mathcal{L}(j)}$，$\mathrm{SU}_i$ 计算 $\delta_j^{(i,t)}$，更新 $\eta_j^{(i,t+1)}$。

(4)用 $t = t + 1$ 进行下一次迭代。

最后，使用上述信息方案，SU 需要与其所有单跳邻居和一些两跳邻居交换决策。很容易看出，当且仅当 $j \in \cup_{k \in \mathcal{V}_i} \mathcal{L}(k) \setminus \{i\}$ 时，SU_i 需要和SU_j 交换消息。因此，将SU_i 的通信 SU 集合表示为 $\mathcal{M}_i$，可得

$$\mathcal{M}_i = \cup_{k \in \mathcal{V}_i} \mathcal{L}(k) \setminus \{i\}$$

插入式(3 - 56)和式(3 - 59)给出：

$$\mathcal{M}_i = (\{i\} \cup \mathcal{N}_S(i) \cup_{k \in \mathcal{N}_L(i)} (\{k\} \cup \mathcal{N}_S(k))) \setminus \{i\} = \mathcal{N}(i) \cup_{k \in \mathcal{N}_L(i)} N_S(k) \setminus \{i\}$$

也就是说，在 DD1 - CSS 执行期间，SU 需要与所有邻居 $\mathcal{N}(i)$ 和大邻居的小邻居交换消息 $\cup_{k \in \mathcal{N}_L(i)} N_S(k) \setminus \{i\}$。

图 3 - 9 给出示例，其中 $\mathcal{V}_1 = \{1,2\}$，$\mathcal{V}_2 = \{2,3\}$，$\mathcal{V}_3 = \{3,5\}$，$\mathcal{V}_4 = \{4,5\}$，$\mathcal{V}_5 = \{5,6\}$ 且 $\mathcal{V}_6 = \{6\}$ (式(3 - 56))。DD1 - CSS 执行过程中，SU_3 需要与交换 x_3 的决策和SU_2 进行通信，并交换 x_5 的决策和SU_4 以及SU_5 进行通信。

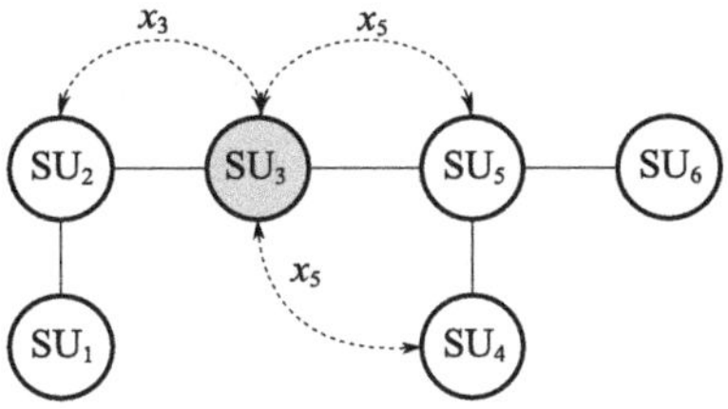

图 3-9 DD1-CSS 中与SU_3进行通信的 SU

收敛性和计算复杂性

从式(3-56)可知,子图$\{\mathcal{G}_i\}_i$不包含循环。实际上,子图$\mathcal{G}_i$有一个"星形"拓扑,其中节点i(作为中心)连接到$|\mathcal{N}_L(i)|$个节点。但是,这个无环特性通过应用定理3.5和定理3.3赋予DD1-CSS遵循理论保证。

推论3.1 迭代次数$T\to\infty$,DD1-CSS保证恢复$\boldsymbol{x}^{\mathrm{MAP}}$。

推论3.2 SU_i执行DD1-CSS的复杂度为$\mathcal{O}(T\cdot|\mathcal{N}_L(i)|^3)$。

2. 与置信传播算法相比

遵循与参考文献[26-29]类似的程序,应用BP算法[30]来估计$p_{X_i}(x_i|\boldsymbol{y})$(定义于式(3-9))。开发的算法命名为BP-CSS,然后和DD1-CSS比较。

1)边际分布估计的BP-CSS

BP-CSS由因子初始化和消息交换组成。最初,SU_i将"因子"Θ_i构造为

$$\Theta_i(\boldsymbol{x}_{\mathcal{V}_i}) = f_{Y|X}(y_i|x_i)\prod_{j\in\mathcal{N}_L(i)}\phi(x_i,x_j) \tag{3-60}$$

请注意,$\mathcal{V}_i$定义于式(3-56),$\mathcal{N}_L(i)$定义于式(3-57),ϕ是定义于式(3-7)的势函数。

在因子初始化之后,每个SU迭代地与其(一跳)邻居交换消息。消息$\mu_{i-j}^{(t)}$从$SU_i\sim SU_j(j\in\mathcal{N}(i))$传输在第$t$次迭代是一个具有域$x_{\mathcal{V}_{ij}}$的实值函数,其中$\mathcal{V}_{ij}=\mathcal{V}_i\cap\mathcal{V}_j$。通过初始化$\mu_{i-j}^{(0)}(\cdot)=1$,信息$\mu_{i-j}^{(t)}$(通过因子$\Theta_i$和先前接收到的信息计算得到)确定为

$$\mu_{i-j}^{(t)}(\boldsymbol{x}_{\mathcal{V}_{ij}}) = \sum_{x'_{\mathcal{V}_i}:\boldsymbol{x}_{\mathcal{V}_i}\backslash\boldsymbol{x}_{\mathcal{V}_{ij}}}\Theta_i(\boldsymbol{x}_{\mathcal{V}_i})\prod_{l\in\mathcal{N}(i)\backslash\{j\}}\mu_{l-i}^{(t-1)}(\boldsymbol{x}_{\mathcal{V}_{il}}) \tag{3-61}$$

式中:$\sum_{x'_{\mathcal{V}_i}:\boldsymbol{x}_{\mathcal{V}_i}\backslash\mathcal{V}_{ij}}[\cdot]$意味着边缘化变量$\{x_k\}_{k\in\mathcal{V}_i\backslash\mathcal{V}_{ij}}$,其定义类似于式(3-9)。

假设,在第t次迭代中,BP-CSS收敛,即$\mu_{i-j}^{(t)}=\mu_{i-j}^{(t-1)}$,$\forall i,j$。则$SU_i$得到估计的边际后验分布$\hat{p}_{X_i}(x_i|\boldsymbol{y})$为

$$\hat{p}_{X_i}(x_i|\boldsymbol{y}) = \sum_{x'_{\mathcal{V}_i}:\boldsymbol{x}_{\mathcal{V}_i}\backslash\{x_i\}}\Theta_i(\boldsymbol{x}_{\mathcal{V}_i})\prod_{l\in\mathcal{N}(i)}\mu_{l-i}^{(t)}(\boldsymbol{x}_{\mathcal{V}_{il}}) \tag{3-62}$$

由此SU_i决定其频谱状态。

2) DD1 - CSS 对比 BP - CSS

在 BP - CSS 中,消息是实值表,而 DD1 - CSS 交换的是二进制决策,这表明 DD1 - CSS 的通信消费较低。此外,DD1 - CSS 对恢复 $\boldsymbol{x}^{\text{MAP}}$ 有理论保证(推论 3.1),而 BP - CSS 不保证收敛或获得真正的边际分布[30]。此外,如推论 3.2 所述,DD1 - CSS 的每次迭代的复杂度为 $\mathcal{O}(|\mathcal{N}_L(i)|^3)$,这是多项式对相邻 SU 的数量。相比之下,对于 BP - CSS,消息更新式(3 - 61)需要对传入消息操作(乘积然后求和)因子 $\Theta_i(\boldsymbol{x}_{\mathcal{V}_i})$(式(3 - 60))。考虑 $\Theta_i(\boldsymbol{x}_{\mathcal{V}_i})$ 是一个包含 $2^{(|\mathcal{N}_L(i)|+1)}$ 个元素的表,消息更新的复杂度粗略地视为 $\mathcal{O}(2^{|\mathcal{N}_L(i)|})$。还要考虑在每次迭代中有 $\mathcal{N}(i)$ 条消息需要更新。因此,BP 每次迭代的复杂度为 $\mathcal{O}(\mathcal{N}(i)\times 2^{|\mathcal{N}_L(i)|})$,随着网络密度的增加,复杂度呈指数级增长。

3.4 仿真结果

3.4.1 仿真设置

1. 网络设置

本节把仿真区域的半径 R 设置为 2km,且 PrR_r 设为 1km。位于盘内的 SU 遵循泊松点过程,节点密度为 1.6×10^{-5} 个/m²(3.4.2 节和 3.4.5 节研究其他密度参数)。每个 SU 的传输距离是 400m。因此,平均而言,盘中有 $N=200$ 个 SU,每个 SU 有 7 个邻居。

2. 信号模型

考虑莱斯(Rician)衰落,K 因子 $k_H=10^{-2}$,即 -20dB。3.4.3 节考虑了 k_H 的其他值。此外,将 $\alpha=2$ 设置为传播因子,$\sigma_S^2=1$ 设置为主要信号功率,$\sigma_W^2=10^{-10}$ 设置为 SU 感应噪声,$M=10$ 设置为能量检测的采样长度。

3. 性能指标

下面测量误差概率 P_e(算法的决策 $\hat{x}$ 不同于 SU 的真实频谱状态 x)通过在 N 个 SU 和 $\tau_0=10^4$ 个模拟回合上实现,即

$$P_e = \frac{1}{\tau_0 N}\sum_{\tau=1}^{\tau_0}\sum_{i=1}^{N}1(\hat{x}_i^\tau \neq x_i^\tau) \tag{3-63}$$

每当使用指标 P_e,将 γ 的权重(式(3 - 12))设置为 1。另外,无论何时考虑变化的 γ 都用检测概率 P_d 和虚警概率 P_f 来衡量性能,定义为

$$P_d = \frac{1}{\tau_0}\sum_{\tau=1}^{\tau_0}\frac{1}{N_1^\tau}\sum_{i=1}^{N_i^\tau}1(\hat{x}_i^\tau=1, x_i^\tau=1) \tag{3-64}$$

和

$$P_f = \frac{1}{\tau_0}\sum_{\tau=1}^{\tau_0}\frac{1}{N_0^{\tau}}\sum_{i=1}^{N_0^{\tau}}1(\hat{x}_i^{\tau}=1,x_i^{\tau}=0) \tag{3-65}$$

式中：$N_1^{\tau}=\sum_{i=1}^{N}1(x_i^{\tau}=1)$ 和 $N_0^{\tau}=\sum_{i=1}^{N}1(x_i^{\tau}=0)$。

3.4.2 选择超参数 β

下面通过评估不同值的 P_e 实现 β 的选择，并实现最佳性能的参数。图3－10显示了在不同 β 和4个次用户网络密度下，即协同区域预期的50、125、200和275个SU下GC－CSS的误差概率。可以看出，（最佳可实现的）性能随着合作SU数量的增加而提高。还要注意，β 的最佳值随着密度的增加而减小。大概是因为，当SU有大量邻居时，大 β 导致SU之间“过耦合”。在接下来的模拟中，将通过调整 β 的最佳值来适应不同的SU密度。

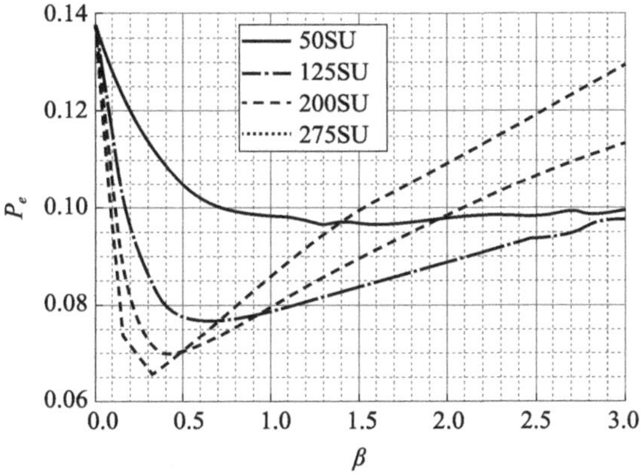

图3－10 GC－CSS算法在不同 β 和SU密度下的 P_e

3.4.3 MAP－MRF的性能得失

本节通过指标 P_e 以及解决MAP－MRF问题来融合感知数据的性能增益和损失。具体来说，将GC－CSS和Ind－SS比较，一个定位算法和一个修改版本的GC－CSS，称为Dist－GC－CSS。这三种算法解释如下。

Ind－SS决策：如果 $f_{Y|X}(y|1)\geqslant f_{Y|X}(y|0)$，$x_i=1$；否则决策 $x_i=0$。定位算法是从参考文献[39]得到的，它利用了SU位置信息 $\{l_i\}_i$ 并估计PU位置 l^* 如下：

$$l^* = \underset{l}{\arg\max}\left\{\prod_{i=1}^{N}\int f_{Y|D,|\Psi|^2}(y_i\mid d_i(l),z)f_{|\Psi|^2}(z)\,\mathrm{d}z\right\} \tag{3-66}$$

式中：$d_i(\boldsymbol{l}) = \| \boldsymbol{l} - \boldsymbol{l}_i \|_2$。给定 $\boldsymbol{l}^*$，如果 $d_i(\boldsymbol{l}) \geqslant r$，判断 $\hat{x}_i = 1$；否则，判断 $\hat{x}_i = 0$。Dist－GC－CSS 通过进一步利用 SU 相邻区域之间的距离 GC－CSS 来修改。

具体来说，对于相邻的 SU_i 和 SU_j，势函数与式(3－7)相同，除了将 β 替换为 $\beta_{ij} = \left(\frac{1}{d_{ij}}\right)^{0.15}$，其中 d_{ij} 是 SU_i 和 SU_j 之间的距离。

不同协同感知方法的性能如图 3－11 所示，可以看出，与 Ind－SS 相比，GC－CSS 获得了可观的性能增益，尤其是在信道条件较差的情况下。但是GC－CSS 不如定位算法。这是因为 MRF 模型没有利用位置信息，而只是成对的相邻关系。虽然这种近似会导致性能损失，但它避免了服务单元本地化（这可能既困难又昂贵），并确保了解决 CSS 问题的效率和灵活性。此外，我们可以通过重新定义 MRF 模型来进一步提高性能，如曲线 Dist－GC－CSS。具体来说，如果 SU 能够粗略地测量其与邻居的距离（如根据接收信号强度），就可以减少 MRF 近似损失。另一个潜在的重构策略是使用更高阶的马尔可夫随机场，因为它们在计算机视觉中表现出比成对的马尔可夫随机场更好的性能[40]。

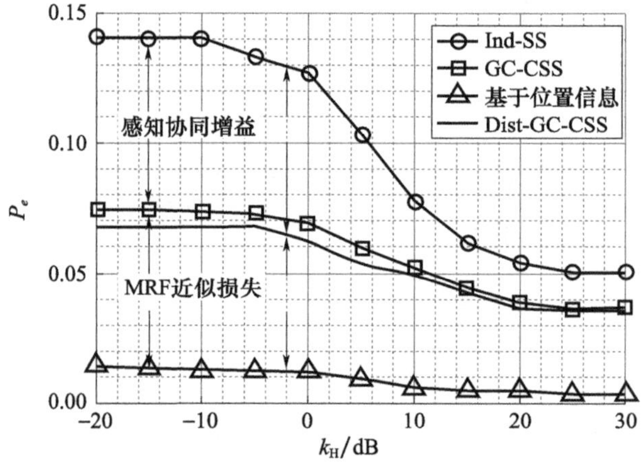

图 3－11　不同协同感知方法的性能

3.4.4　最大化与边缘化

本节将研究 GC－CSS、DD－CSS 和 DD1－CSS 的性能。对于 DD－CSS，将 SU 分组为 5 个簇（每个簇平均有 40 个 SU）。此外，本节还考虑了比较 Ind－CSS 和 BP－CSS 算法。

图 3－12 显示了算法对于 (P_d, P_f) 的性能曲线（即接收机工作曲线（ROC）），该曲线通过如下方法测量得到：使 BP－CSS 的参数 T 在 (0,1) 内改变，使其余算法的参数 γ 在 (0,3) 内改变。可以看出，相比于 Ind－SS，所有 CSS 算

法都显著提高了感知性能。此外,由于 GC – CSS 和 DD1 – CSS 在理论上能保证解决 MAP – MRF 问题,所以它们应能达到相同的性能,如图 3 – 12 所示。此外,还可以观察到 DD – CSS 的性能与 GC – CSS 和 DD1 – CSS 一样好,这意味着尽管缺乏理论保证,但 DD – CSS 也可能获得一个 MAP 解。

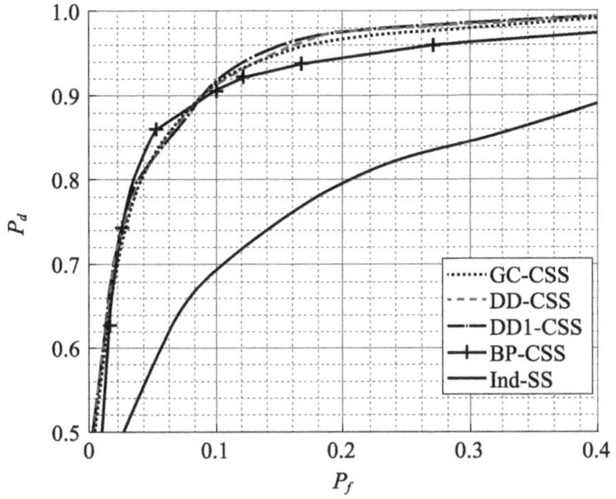

图 3 – 12　感知算法的 ROC 曲线

有趣的是,当 $P_f \in [0.03, 0.08]$ 时,BP – CSS 比书中提出的算法获得了更高的检测概率 P_d(即 GC – CSS、DD – CSS 和 DD1 – CSS),但在 P_f 的其他选择下表现出较差的性能。然而,它们的性能差异并不明显。因此,可以得出这样的结论,尽管基于边缘化行为的 CSS 与 MAP – MRF 的 CSS 略有不同,但两者在感知性能方面都很好。然而,如下一小节所示,MAP – MRF 方法的优势在于计算效率和灵活性。

3.4.5　计算复杂度

本节将在不同的次用户网络密度下计算 GC – CSS、DD – CSS、DD1 – CSS 和 BP – CSS 的复杂度。具体来说,本节将预期的单个用户数量(盘内)从 10 个增加到 200 个。为了比较计算复杂度,需测量算法的 CPU 时间。所有算法都是在一台计算机上串行执行的。由于该实现没有利用 BP – CSS、DD – CSS 和 DD1 – CSS 的并行性,为了确保公平的比较,用算法的"潜在并行性"来划分测量的 CPU 时间。具体来说,将单位时间 t(Time Per Unit,TPU)度量定义为

$$\mathrm{TPU} = \mathbb{E}\left[\frac{\mathrm{CPUtime}}{\#\mathrm{processingunits}}\right] \tag{3-67}$$

其中,GC – CSS 的处理单元数等于 1,DD – CSS 的处理单元数等于 5,SU 在 BP – CSS 和 DD1 – CSS 的处理单元数等于 1。

从图 3－13 可以看出,当网络规模/密度较小时,GC－CSS 的 TPU 最高。当网络规模/密度增加时,BP－CSS 的 TPU 比其他算法增加快得多,当期望的 SU 数量增加到 40 时,则超过了 GC－CSS。这是因为 BP－CSS 的计算复杂度随着网络密度呈指数级增加,而最小割算法(嵌入在 GC－CSS、DD－CSS 和 DD1－CSS)可以解决多项式时间复杂度相对于网络大小和密度的 MAP－MRF 问题(定理 3.1)。还可观察到,由于并行化,DD－CSS 相比于 GC－CSS 有更小的 TPU。它表明,与其像 GC－CSS 直接解决 MAP－MRF 问题,不如像 DD－CSS 通过分解问题和迭代求解 5 个子问题来提供计算增益。此外,比较 DD－CSS 和 DD1－CSS 可以发现,如果进一步分解问题,直到每个 SU 都有一个子问题,则这种计算节省仍然有效。

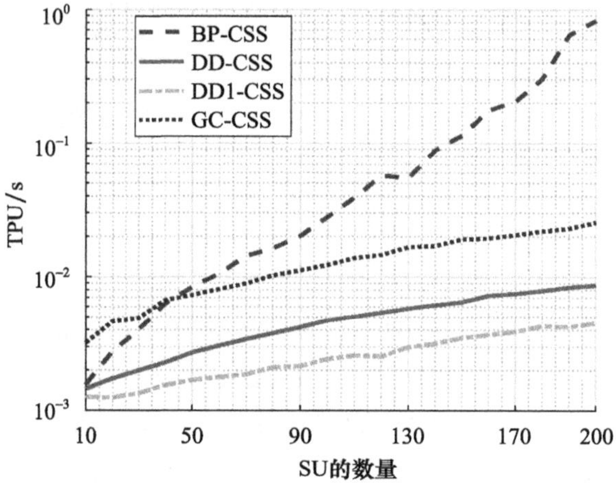

图 3－13　不同用户数量下的单位 CPU 时间

第4章 智能宽带频谱感知决策

宽带认知无线电系统[41]可以实时地探测和利用频谱中的空闲或未使用部分，以提供高效的数据传输服务。宽带认知无线电系统能够感知宽范围的频谱并找到用于通信的临时可用频谱空洞，并提供更高的频谱利用率和数据传输优势。

传统的匹配滤波、能量检测和循环平稳特征检测等窄带频谱感知算法，侧重于利用窄频率范围内的频谱机会，而认知无线电网络最终将需要利用从数百兆赫到数千兆赫的宽频率范围内的频谱机会，以实现更高的机会吞吐量。香农(Shannon)的著名公式表明，在特定条件下，理论上可实现的最大比特率与频谱带宽成正比。因此，与窄带频谱感知不同，宽带频谱感知的目的是在宽频率范围内寻找更多频谱机会，在认知无线电网络中实现更高的机会性总吞吐量。然而，基于标准模数转换器(Analog to Digital Converter, ADC)的传统宽带频谱感知技术可能会导致难以承受的高采样率或实施复杂性，难以同时实现对全频谱范围内所有信道的感知识别。因此，宽带频谱感知面临着大范围频谱下感知的复杂性和实效性的矛盾。

如图4－1所示，宽带频谱感知决策的重点在于如何在较宽的频率范围内有效地进行频谱监测和分析。在宽带频谱感知所感兴趣的频谱范围中，可用频谱通常分为若干信道，用于不同的通信服务。每个信道都有其特定的带宽、中心频率和使用目的。宽带感知决策需要能够根据感知数据高效快速地决策不同信道的使用状态，其决策难度随着频谱空洞在不同频带分布的广泛性和随机性而增加。

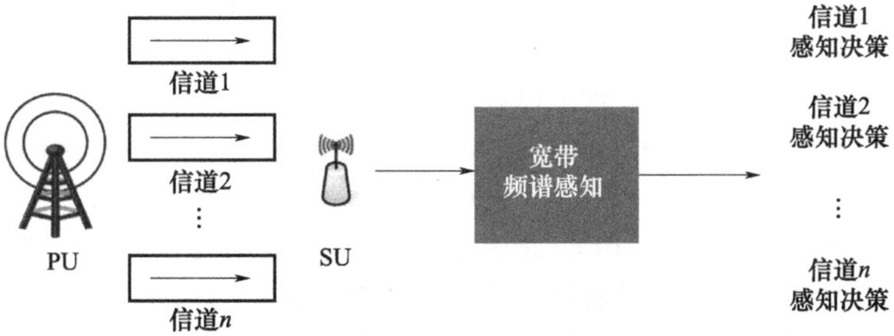

图4－1 宽带频谱感知决策问题

4.1 宽带频谱感知决策

随着应用场景的拓展,未来无线通信系统对高数据速率和高频率带宽的需求不断提升。因此,SU 需要感知无线电频谱的宽频范围,以找到最佳可用信道。宽带频谱感知方法可以分为两类,即奈奎斯特(Nyquist)宽带感知方法和亚奈奎斯特宽带感知方法。其中,奈奎斯特宽带感知方法是将宽带频谱划分为几个窄带,然后按顺序进行检测,由于每次扫描一个频带,因此会增加感测时间。亚奈奎斯特宽带感知方法是使用多个传感器并行感测窄带,并进行联合检测。下面将介绍基于奈奎斯特和亚奈奎斯特的两种类型中最相关的感知技术。

4.1.1 奈奎斯特宽带感知方法

宽带频谱感知的一种简单方法是使用标准 ADC 直接获取宽带信号,然后使用数字信号处理技术检测是否存在频谱接入机会。例如,Quan 等[42]提出了一种多频段联合检测算法,可以在多个频段上感知主信号。如图 4-2 (a) 所示,宽带信号 $x(t)$ 首先由高采样率 ADC 采样,其次使用串并(Serial to Parral,S/P)转换电路将采样数据分为并行数据流。快速傅里叶变换(Fast Fourier Transform,FFT)用于将宽带信号转换到频域。再次,宽带频谱 $X(f)$ 分成一系列窄带频谱 $X_1(f),X_2(f),\cdots,X_N(f)$。最后,使用二元假设检测是否存在频谱接入机会,其中 $H(0)$ 表示不存在 PU,$H(1)$ 表示存在 PU。利用优化技术共同选择最佳检测阈值。这种算法比单频带感知算法性能更好。

此外,通过同样使用标准 ADC,参考文献[43]中提出了一种基于小波的频谱感知算法。在该算法中,宽带频谱(表示为 $S(f)$)的功率谱密度(Power Spectral Density,PSD)建模为一列连续的频率子带,其中每个子带内的 PSD 都是平滑的,但在两个相邻子带的边界上会表现出不连续性和不规则性。然后使用小波变换来定位宽带 PSD 的奇异点,并将宽带频谱感知表述为频谱边缘检测问题,如图 4-2 (b) 所示。

如图 4-2 (c) 所示,一种可以放宽高采样率要求的简单方法是使用超外差(混频)技术"扫描"所关注的频率范围。本地振荡器(Local Oscillator,LO)产生的正弦波与宽带信号混合,并向下转换为较低的频率。下变频后的信号经过带通滤波器(Band Pass Filter,BPF)滤波,然后就可以应用现有的窄带频谱感知技术。这种扫频调整方法可以通过使用可调 BPF 或可调 LO 来实现。然而,由于扫频调整操作,这种方法通常速度较慢,灵活性较差。

另一种解决方案是参考文献[44]提出的滤波器组算法,如图 4-2 (d) 所示。使用一组原型滤波器(具有不同的移位中心频率)来处理宽带信号。基带可通过使用原型滤波器直接估算,其他频带可通过调制原型滤波器获得。在每个频段中,宽带信号频谱的相应部分被降采样为基带信号,然后进行低通滤波。因此,这种算法可以通过使用低采样率来捕捉宽带频谱的动态特性。遗憾的是,由于滤波器组的并行结构,该算法的实施需要大量的射频元件。

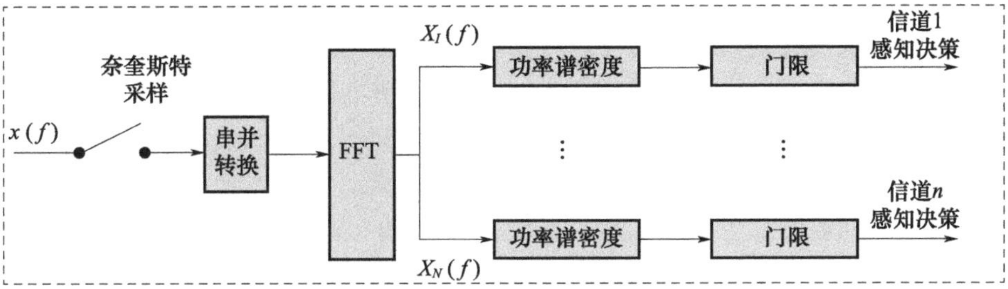

(a) 多频带联合检测

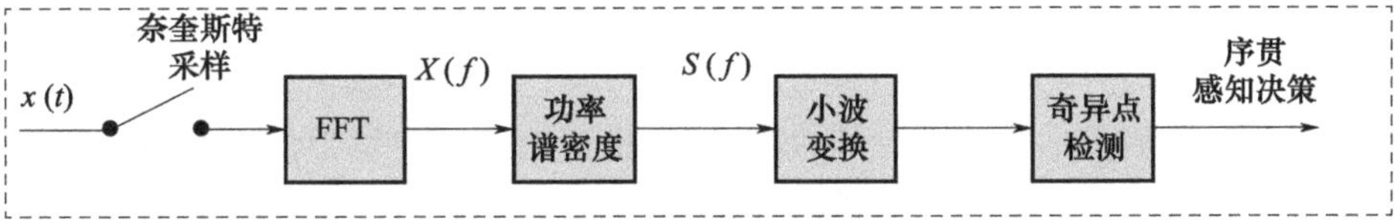

(b) 小波检测

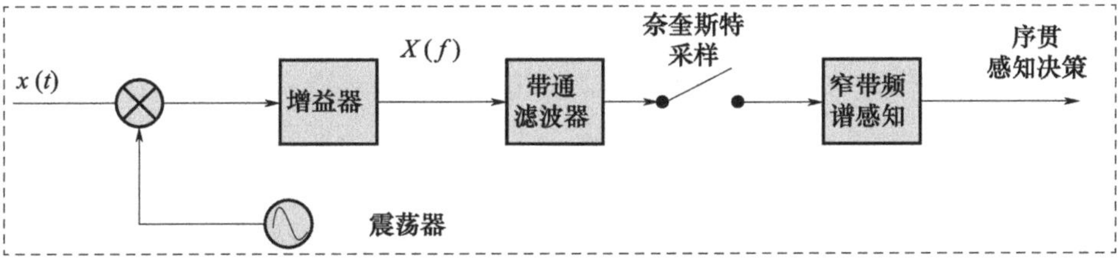

(c) 扫频调整检测

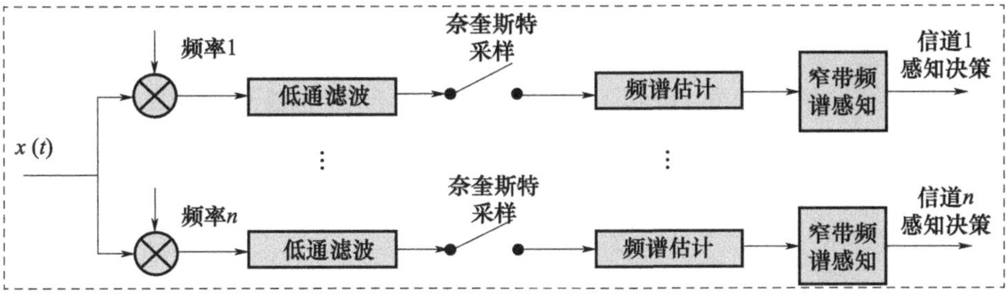

(d) 滤波器组检测

图4-2 奈奎斯特宽带感知算法框图[41]

4.1.2 亚奈奎斯特宽带感知方法

亚奈奎斯特宽带感知是指使用低于奈奎斯特速率的采样率获取宽带信号，并利用这些部分测量值检测频谱机会的过程。基于压缩感知的宽带感知和多通道亚奈奎斯特宽带感知是亚奈奎斯特宽带感知的两种重要类型。

基于压缩感知的宽带感知。压缩感知是一种能利用相对较少的测量有效获取信号的技术，通过这种技术，可以根据信号在某些域中的稀疏性或可压缩性找到信号的独特表示。由于频谱利用率低，宽带频谱本质上是稀疏的，因此压缩感知成为利用亚奈奎斯特采样率实现宽带频谱感知的理想候选技术。参考文献[45]中首次引入了压缩感知理论来感知宽带频谱。该技术使用更接近信息速率而非带宽倒数的较少采样来执行宽带频谱感知。在重建宽带频谱后，基于小波的边缘检测用来检测宽带频谱中的频谱机会。

此外，为了提高对噪声不确定性的鲁棒性，参考文献[46]研究了一种基于循环特征检测的压缩感知算法。它能成功地从以亚奈奎斯特速率采集的数字样本中提取宽带信号的二阶统计量。宽带信号的二维循环频谱(频谱相关函数)可直接从压缩测量中重建。此外，这种算法也适用于重建宽带信号的功率谱，如果使用能量检测算法来检测频谱机会，这种算法将非常有用。

为了进一步降低数据采集成本，参考文献[47]为合作多跳认知无线电网络提出了一种基于分布式压缩感知的宽带感知算法。通过在本地频谱估计之间强制达成共识，这种协作方法可以从空间多样性中获益，从而减轻衰落的影响。此外，还提出了一种分布式共识优化算法，旨在以合理的计算成本实现较高的感知性能。

然而，压缩感知主要针对有限长度和离散时间信号。因此，需要创新技术将压缩感知扩展到连续时间信号采集(即在模拟域实现压缩感知)。为了实现模拟压缩感知，参考文献[48]提出了一种模拟信息转换器(Analog to Information Converter，AIC)，为上述算法奠定了良好的基础。基于 AIC 的模型由伪随机数发生器、混频器、累加器和低速率采样器组成。伪随机数发生器产生离散时间序列，通过混频器解调信号 $x(t)$。累加器用于对解调后的信号求和 $1/ws$，同时使用低采样率对其输出信号进行采样。之后，稀疏信号可通过压缩感知算法从部分测量值中直接重建。遗憾的是，AIC 模型的性能很容易受到设计缺陷或模型不匹配的影响。

4.1.3 序贯频谱感知

虽然，亚奈奎斯特宽带感知方法(如压缩感知技术)理论上可以在信号稀疏的场景中降低采样速率，实现基于混叠信号的频谱感知。但是，随着无线应用的密集增加，特别是在军事激烈对抗场景中，频谱可能处于异常拥挤的状态中，压缩感知技术所依赖的信号稀疏假设的适用场景正在不断减少。因此,在实践中往往采用“分而治之”的方式,将观测频谱划分为数个范围较小的频段,逐一进行采样和感知,然而这会显著地增加获取频谱态势的时延,减少空闲频带的利用率。幸运的是,对于认知无线电网络来说,并非所有的频带都同等重要,如民用场景中,SU 更倾向于获取通信质量好的信道;而在军事中,SU 则可能更希望能够获取某些关键信道的状态信息。因此,SU 可以将感知搜索的时间和资源集中于重要的信道,对于相对不重要的信道,SU 可以放弃或者减少感知投入。可见,如何设计和优化感知搜索策略,对于快速完成对宽带频谱系统状态的获取从而满足系统的感知需求至关重要。

因此,在奈奎斯特宽带感知的架构下,如何序贯地决策感知方案,以最小化感知消耗时间是需要解决的重要课题。具体来说,宽带序贯感知(Wide - band Squential Sensing,WSS)将每个感知周期划分为多个时隙,在每个时隙中,认知节点可以选择对某些通道进行采样并完善其状态的信念。在 WSS 过程中,认知节点可以自适应地将感知时隙分配给状态不确定的信道,但在确定信道状态时停止对信道进行采样。因此,与固定长度的传感方案相比,通过在信道上智能分配传感时隙,WSS 可以享受更短的预期传感时间。例如,当通道数减少到一个时,WSS 减少到序列概率比测试(Sequential Probability Ratio Test,SPRT),这可以达到给定可靠性要求[49]的最小感测时间。

在 WSS 范式下,提出各种宽带感知算法[50-55]。参考文献[50 - 51]在“同质”消费(所有通道具有相同的随机特性)和“无切换回”假设(通道必须逐个采样和检测)下开发了最优 WSS 策略。参考文献[52]移除了同质假设并通过先验分布 π_i 和预期传感持续时间 N_i 表征了一个通道,如第 i 个通道。此外,它假设在每个时隙,每个通道都会发生恒定成本 c_i,直至它被正确检测到。参考文献[52]表明,最优 WSS 策略是根据索引 $\pi_i c_i / N_i$ 对通道进行排序,并按照感知顺序对每个通道执行 SPRT。在参考文献[52]的基础上,参考文献[53]进一步放宽了“不可切换回”的限制,并设计了一种能够在信道上动态分配感知时隙的 WSS 策略。参考文献[54]进一步扩展了参考文献[52 - 53]的结果,允许将采样成本 c_i 定义为时间的多项式函数。参考文献[55]提出了一个结构化的 WSS 策略,包括“探索”阶段(通道以循环方式采样)和“开发”阶段(大多数信息通道连续采样)。

然而,前述参考文献[50 - 55]的结果受限于某些假设或限制。具体来说,参考文献[50 - 51]开发的传感策略依赖于“同质”消费。参考文献[50 - 52]仅限于“不切换回”限制。参考文献[52 - 54]要求传感成本满足特定的数学形式(即常数或多项式函数)。在参考文献[55]中,WSS 策略的约束结构可能会阻碍其实现的性能。

本节通过马尔可夫决策过程(Markov Decision Process,MDP)理论在更一般的设置下开发了最优 WSS 策略,该理论消除了“同质”和“无切换”的限制,并捕获了各种实际因素,包括采样成本、传感要求、感测预算等。此外,为了解决最优传感策略,本书提出了一种模型增强的深度强化学习算法,该算法展示了良好的学习稳定性和效率。

4.2 基于贝叶斯实验设计的宽带感知决策

从前述可知,宽带频谱感知决策包括奈奎斯特宽带感知方法和亚奈奎斯特宽带感知方法。虽然亚奈奎斯特宽带感知方法可以更低的采样速率进行信号采集,从而降低感知系统实现的复杂性。该类要求所感知的信号在频率域上是稀疏的,即只有少量信道被占用,可以从小于奈奎斯特率的样本中恢复宽带频谱信号或其频谱功率。在恢复每个信道的信息之后,相应地进行频谱占用检测。然而,在认知无线电场景中频谱的稀疏度水平(即占用信道的数量)通常是时变的。在未知稀疏度水平信息的情况下难以实现“亚奈奎斯特宽带感知方法”[56]。

然而在奈奎斯特宽带感知方法中,宽带感知任务通常采用“分而治之”的概念来解决,即将进行感知的信道进行分离,从而串行或并行地展开感知。当前宽带感知将待检测信道并行展开时,可能显著地增加硬件的成本和体积。而当宽带感知进行串行展开时,由于需要对待检测信道逐个进行检测,则可能增加完成检测所需的时间。因此,在奈奎斯特宽带感知方法中,如何平衡感知的复杂性和时效性是进行宽带感知设计时需要重点考虑的问题。

事实上,在许多情况下,宽带频谱系统由于通信需求或硬件约束,只能利用众多潜在信道中的一部分。在这种情况下,因为只需正确检测部分信道(而不是全部),有可能简化宽带频谱感知的复杂性。基于此考虑,本节将讨论基于贝叶斯实验设计框架的宽带频谱感知,该框架包括两个维度:一是在关于信道占用的初始信念和对不同部分信道进行的一系列观测的基础上如何做出检测决策;二是如何根据对信道占用的当前信念来适应性地进行测量。这两个维度的过程相辅相成,目标是通过连续有效的测量来检测足够的接入机会。

4.2.1 系统模型

1. 主要用户的信号模型

假设系统由 L 个频道组成,每个频带的带宽为 W。PU 以时隙方式运作,在每个时隙期间,宽带信号表示为 $r_l(t)$,可以写成

$$r(t) = \sum_{l=1}^{L} [\lambda_l \cdot s_{I,l}(t) + n_{I,l}(t)]\cos(f_l t) + [\lambda_l \cdot s_{Q,l}(t) + n_{Q,l}(t)]\sin(f_l t) \tag{4-1}$$

式中:f_l 为第 l 个频道中心的角频率;λ_l 为当前时隙第 l 个频道状态的指示变量,其中 $\lambda_l = 1$ 表示第 l 个频道被占用,否则 $\lambda_l = 0$;$s_{I,l}(t)$ 和 $s_{Q,l}(t)$ 分别为第 l 个频道主要用户信号的同相和正交分量;$n_{I,l}(t)$ 和 $n_{Q,l}(t)$ 分别为第 l 个频道噪声的同相和正交分量。在每个时隙,每个频道的占用被模型化为伯努利(Bernoulli)随机变量(Random Variable),Prob$(\lambda_l = 0) = \overline{\omega}_0(l)$,且 λ_l 与 λ_n 独立,$\forall n \neq l$。我们假设 $\overline{\omega}_0$ 对 SU 是已知的。主要用户的信号 $s_{I,l}(t)$ 和 $s_{Q,l}(t)$ 被建模为两个独立的高斯随机变量,均值为零,方差为 $\sigma_l^2/2$。噪声 $n_{I,l}(t)$ 和 $n_{Q,l}(t)$ 也被建模为两个独立的零均值高斯随机变量,方差为 $\sigma_0^2/2$,这意味着所有频道的噪声方差都是相同的,而且假设 $\sigma_l^2/2$ 和 $\sigma_0^2/2$ 对 SU 也是已知的。

2. 扫描-变焦感知架构

将传统的扫描架构增加一个可调节的 BF(图 4-3),它操作在中频,并且可以调节以覆盖从 W 到 $B_{\max}W$ 的带宽。通过将滤波器的带宽设置为 BW,并将 LO 的操作角频率 f_c 设置为 $f_l + \frac{B-1}{2}W$,$\mathcal{L}(f_c, B) \triangleq \{l, l+1, \cdots, l+B-1\}$ 频道的信号和噪声可以通过滤波器。通过平方和积分持续时间 T,设置为 $1/W$,积分后的输出可以通过参考文献[57]近似为

$$y = \frac{1}{2} \sum_{l \in \mathcal{L}(f_c, B)} \lambda_l \cdot (s_{I,l}^2(t) + s_{Q,l}^2(t)) + n_{I,l}^2(t) + n_{Q,l}^2(t) \tag{4-2}$$

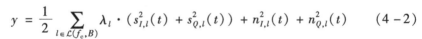

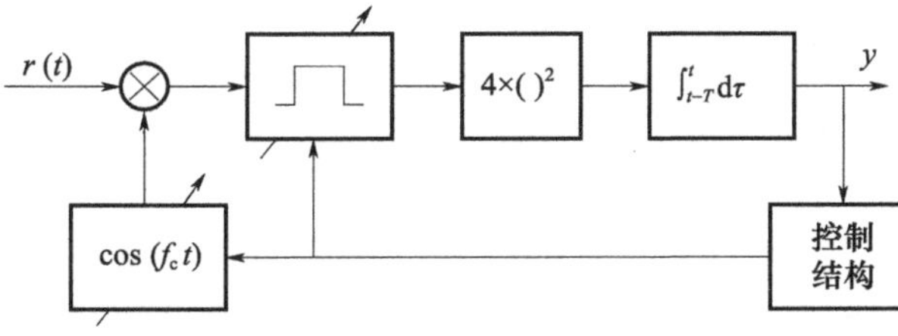

图 4-3 扫描-变焦感知架构

3. 自适应宽带感知

假设在 L 个频道中,SU 可以使用多达 d 个频道,当检测到的频谱空洞数量小于 d 时,SU 仍然能够利用这些接入机会进行传输,尽管吞吐量降低。在每个时隙,SU 可以使用固定长度的感知预算持续时间为 KT,即它总共可以获得 K 次测量。将初始信念 $\overline{\omega}_0$ 与所有 K 次测量结合,SU 对频道的占用情况进行决策。如果报告的频谱空洞数量多于 d,则 SU 随机选择其中 d 个进行传输。

4.2.2 通过标准贝叶斯实验设计实现自适应宽带感知

贝叶斯实验设计(BED)解决了如何收集数据以实现某些贝叶斯推断任务的(近乎)最佳结果的问题。在这里,将自适应宽带感知形式化为具有贝叶斯假设检验任务的 BED。

联合信道状态定义为所有信道状态的组合,假设对应于对联合信道状态的猜测。因此,存在 $M=2^L$ 个不同的假设,M 个假设的集合定义为 $\mathcal{M}$。

在进行任何测量之前,可以轻松地从 $\overline{\omega}_0$ 计算对 $\mathcal{M}$ 的初始先验概率分布。观察到 K 次测量后,SU 可以更新其对假设空间的置信度,并应该做出适当的决策,以在寻找 d 个频谱空洞和保护 PU 之间取得平衡。通过在"宽带频谱空洞检测的贝叶斯成本设计"中定义适当的贝叶斯成本来解决这个平衡问题,并且利用贝叶斯定理,在每次观察后,SU 迭代地更新其置信度的公式在"推理后验概率分布"中给出。在进行了这些准备后,将在"假设检验和顺序测量调整"中讨论在感知预算之后自适应收集 K 次测量的方式以及决策规则。

1. 宽带频谱空洞检测的贝叶斯成本设计

当分别决定每个信道的状态时,决定假设 H_i 的成本,而实际为真的假设为 H_j,记为 $c_S(H_i,H_j)$,可以合理地定义为

$$c_S(H_i,H_j) \triangleq \sum_{l=1}^{L} 1(H_i(l) \neq H_j(l)) \tag{4-3}$$

式中:$H_i(l)$表示在假设 H_i 下第 l 个信道的状态。

然而,当目标在 L 个信道中检测出 d 个频谱空洞时,更适合将成本联合定义为

$$c_J(H_i,H_j) \triangleq \Phi_{ij}(0,1) + \min\{\Phi_{ij}(1,0), \max\{d - \Phi_{ij}(0,0), 0\}\} \tag{4-4}$$

式中:$\Phi(s,t)$定义为

$$\Phi_{ij}(s,t) \triangleq \sum_{l=1}^{L} 1(H_i(l) = s, H_j(l) = t) \tag{4-5}$$

在 $c_J(H_i,H_j)$的设计中,只要发现足够的频谱空洞,错误地将 0 决定为 1 就不会受到惩罚。然而,将 1 决定为 0 却始终要受到惩罚,SU 仍有责任保护 PU。

2. 推理后验概率分布

假设滤波器的带宽为 BW,LO 的中心角频率为 f_c。当滤波器输出的信号覆盖整数个信道时,可将滤波器和 LO 的联合设置定义为有效的测量动作,记为 a,即 $a \triangleq (f_c, B)$,并将 $\mathcal{L}(a)$表示为所覆盖信道的索引集。有关 $\mathcal{L}(a)$和(f_c,B)之间的关系,请参阅 4.2.1 节。

对于任何动作 a 和假设 H_j,不难证明测量 y 是正权重平方标准正态分布的总和,其概率密度函数(Probability Density Function,PDF)没有封闭形式。但幸

运的是,通过矩匹配,伽马分布可以作为一个有用的近似[58]。

定义 $k_{a,j} \triangleq |\mathcal{L}(a)| + \sum_{l\in\mathcal{L}(a)} H_j(l)$ 和 $\theta_{a,j} \triangleq \frac{1}{k_{a,j}}\left(|\mathcal{L}(a)|\sigma_0^2 + \sum_{l\in\mathcal{L}(a)} H_j(l)\sigma_l^2\right)$,$y$ 的条件 PDF 可以近似为

$$f(y \mid H_j, a) = \frac{1}{\Gamma(k_{a,j})\theta_{a,j}^{k_{a,j}}} y^{k_{a,j}-1} e^{-y/\theta_{a,j}} \tag{4-6}$$

这是具有形状参数 $k_{a,j}$ 和尺度参数 $\theta_{a,j}$ 的伽马分布。

利用 $f(y \mid H_j, a)$,在 y 和先验概率 $\pi(H_j)$ 之后的后验概率 $\text{Prob}(H_j \mid y, a)$ 可以计算为

$$\text{Prob}(H_j \mid y, a) = \frac{f(y \mid H_j, a)\pi(H_j)}{f(y)} \tag{4-7}$$

3. 假设检验和顺序测量调整

贝叶斯实验设计[59]通过采用贪婪策略(忽略时间因素 K 的信息)来进行观测决策。也就是说,在选择感知观测操作之前,它将这个测量视为最终测量,并以一种在给定操作的情况下期望的贝叶斯成本最小化的方式选择操作,正式表述如下。

给定操作 a 和测量 y,定义一个决策规则 $\delta(\cdot \mid a):\mathbb{R}^+ \to \mathcal{M}$,即 $\delta(y \mid a)$ 将测量 y 映射到联合信道状态。因此,对于任何 a 和 $\delta(\cdot \mid a)$,期望的贝叶斯成本为

$$R_J(\delta \mid a) = \int \sum_{j=1}^{M} c_J(\delta(y \mid a), H_j)\text{Prob}(H_j \mid y, a) f(y)\,\mathrm{d}y \tag{4-8}$$

将 $\mathcal{L}_J(\delta(y \mid a))$ 定义为

$$\mathcal{L}_J(\delta(y \mid a)) \triangleq \sum_{j=1}^{M} c_J(\delta(y \mid a), H_j)\text{Prob}(H_j \mid y, a) \tag{4-9}$$

这是在操作 a 下给定测量 y 的决策 $\delta(y \mid a)$ 的期望贝叶斯风险。给定函数 $\mathcal{L}_J(\delta(y \mid a))$,在 a 下给定 y 的最佳决策就是找到具有最小函数值的决策,即

$$\delta_J^*(y \mid a) = \arg\min_{x\in\mathcal{H}}\{\mathcal{L}_J(x)\} \tag{4-10}$$

对于固定的 a,最优决策规则 $\delta_J^*(y \mid a)$ 将测量空间分为不同的区域,对于位于区域内的测量,做出相同的决策。将 $\mathcal{Y}_i(a)$ 定义为决策 H_i 做出的区域,有

$$y_i(a) \triangleq \{y \mid \delta_J^*(y \mid a) = H_i\} = \{y \mid \mathcal{L}_J(H_i) \leqslant \mathcal{L}_J(H_n), \forall n \neq i\} \tag{4-11}$$

给定 $\mathcal{Y}_i(a)$,每个操作 a 的期望风险,记作 $R(a)$,可以表示为

$$R(a) \triangleq \inf_{\delta}\{R_J(\delta \mid a)\} = \sum_{i=1}^{M}\sum_{j=1}^{M} c_J(H_i, H_j)\int_{\mathcal{Y}_i(a)} f(y \mid H_j, a)\,\mathrm{d}y\,\pi(H_j) \tag{4-12}$$

最后一个等式通过将式(4-8)的积分区域根据 $\mathcal{Y}_i(a)$ 划分为 M 个区域而得到。

利用函数 $R(a)$,选择的最佳操作是最小化 $R(a)$ 的操作,即

$$a^* = \arg\min_a \{R(a)\} \tag{4-13}$$

4. **复杂性分析**

可以证明,粗略地说,对于给定的 a 来解决 $\mathcal{Y}_i(a)$ 需要找到 $4^L/2$ 个不同的超越方程的零点(每个方程都是 2^L 个伽马概率密度函数的加权总和,可能具有不同的参数),其计算复杂度在有意义的 L 取值下是无法承受的。

4.2.3 近似贝叶斯实验设计

为了减少标准贝叶斯实验设计的复杂性,本节引入了两个近似方法:一个是在每次测量后允许贝叶斯成本自适应变化;另一个是允许近似进行贪婪动作选择。

1. **基于后验分布的自适应贝叶斯成本**

将 $\bar{\omega}_k$ 表示为第 k 次测量后的边际后验概率,使得 $\bar{\omega}_k(l)$ 表示第 l 个通道为空闲的概率。如果没有歧义,可省略下标 k。定义 $\phi_{ij}^l(s,t) \triangleq 1(H_i(l)=s, H_j(l)=t)$,自适应贝叶斯成本表示为 $c_{\mathrm{A}}(H_i,H_j)$,构建如下:

$$c_{\mathrm{A}}(H_i,H_j) = \sum_{l=1}^{L} \phi_{ij}^l(0,1) + \phi_{ij}^l(1,0) \cdot d_l \triangleq \sum_{l=1}^{L} \kappa(H_i(l),H_j(l)) \tag{4-14}$$

式中:$0 \leqslant d_l \leqslant 1$,$\sum_{l=1}^{L} d_l = d$,如果 $\bar{\omega}(l) \geqslant \bar{\omega}(n)$,则 $d_l \geqslant d_n$。而 d_l 表示当第 l 个通道错误地决定为 1 时应该受到的惩罚,如果它更可能处于空闲状态,则会受到更多的惩罚。需要注意的是,尽管 $c_{\mathrm{A}}(H_i,H_j)$ 将成本分成了每个通道的决策,惩罚向量 $\bar{d} \triangleq [d_1,d_2,\cdots,d_L]$ 将所有通道耦合在一起。构建 $\bar{d}$ 的一种方式是,如果 $l \in g(\bar{\omega})$,则设置 $d_l=1$,否则设置 $d_l=0$,其中 $g(\bar{\omega})$ 返回前 d 个最大元素的索引集合 $\bar{\omega}$。为了方便叙述,将以这种方式构建的 $\bar{d}$ 表示为 $\bar{d}^{\max}(\bar{\omega})$。

2. **自适应贝叶斯成本的假设检验**

根据与式(4-8)类似的定义,从而可得

$$\begin{aligned} R_{\mathrm{A}}(\delta \mid a) &= \int \sum_{j=1}^{M} c_{\mathrm{A}}(\delta(y \mid a), H_j)\,\mathrm{Prob}(H_j \mid y, a) f(y)\,\mathrm{d}y \\ &\triangleq \int \mathcal{L}_{\mathrm{A}}(\delta(y \mid a)) f(y)\,\mathrm{d}y \end{aligned} \tag{4-15}$$

利用 $c_{\mathrm{A}}(H_i,H_j)$ 的结构,$\mathcal{L}_{\mathrm{A}}(\delta(y \mid a))$ 可以进一步简化为

$$\begin{aligned} \mathcal{L}_{\mathrm{A}}(\delta(y \mid a)) &= \sum_{j=1}^{M} \sum_{l=1}^{L} \kappa(\delta_l(y \mid a), H_j(l))\,\mathrm{Prob}(H_j \mid y, a) \\ &= \sum_{l=1}^{L} \Big(\prod_{n=1}^{L} \sum_{\lambda_n=0}^{1} \Big) \kappa(\delta_l(y \mid a), \lambda_l)\,\mathrm{Prob}(\lambda_1, \lambda_2, \cdots, \lambda_L \mid y, a) \end{aligned}$$

$$
\begin{aligned}
&= \sum_{l=1}^{L}\sum_{\lambda_l=0}^{1}\kappa(\delta_l(y\mid a),\lambda_l)\Big(\prod_{n\neq l}\sum_{\lambda_n=0}^{1}\Big)\mathrm{Prob}(\lambda_1,\lambda_2,\cdots,\lambda_L\mid y,a)\\
&= \sum_{l=1}^{L}\sum_{\lambda_l=0}^{1}\kappa(\delta_l(y\mid a),\lambda_l)\mathrm{Prob}(\lambda_l\mid y,a)\\
&= \sum_{l=1}^{L}1(\delta_l(y\mid a)=0)(1-\overline{\omega}(l))+1(\delta_l(y\mid a)=1)d_l\overline{\omega}(l)
\end{aligned}
\tag{4-16}
$$

式中：$\delta_l(y\mid a)$表示第 l 个通道的决策。

根据式(4-16)中 $\mathcal{L}_{\mathrm{A}}(\delta(y\mid a))$的结构，可以很容易地看出每个通道的决策是相互独立的。第 l 个通道的最佳决策为

$$
\delta_l^*(y\mid a)=\begin{cases}0, & 1-\overline{\omega}(l)\leqslant d_l(\overline{\omega})\overline{\omega}(l)\\ 1, & 1-\overline{\omega}(l)>d_l(\overline{\omega})\overline{\omega}(l)\end{cases}
\tag{4-17}
$$

式中：$d_l(\overline{\omega})$用于表示通过 $\overline{\omega}$ 构建的 d_l 的提醒。

3. 近似顺序测量自适应

给定决策规则(4-17)，在给定测量 y 和动作 a 的情况下，做出决策的最小风险为

$$
\mathcal{L}_{\mathrm{A}}^*(y\mid a)=\sum_{l=1}^{L}\min\{1-\overline{\omega}(l),d_l\overline{\omega}(l)\}
\tag{4-18}
$$

因此，采取动作 a 的风险为

$$
R_{\mathrm{A}}(a)=\int\mathcal{L}_{\mathrm{A}}^*(y\mid a)f(y)\mathrm{d}y=\mathbb{E}[\mathcal{L}_{\mathrm{A}}^*(Y\mid a)]
\tag{4-19}
$$

由于构建 $\overline{d}$ 的复杂方式，可能无法以封闭形式评估 $R_{\mathrm{A}}(a)$。然而，对于任何给定的 y，评估 $\mathcal{L}_{\mathrm{A}}^*(y\mid a)$是容易的。因此，对于每个动作 a，首先选择 Q 次采样 y，其次使用这些样本评估 $\mathcal{L}_{\mathrm{A}}^*(y\mid a)$，最后使用样本均值来评估每个给定动作的风险。完成近似评估后，选择具有最小平均风险的动作。

4. 复杂性分析

与标准 BED 相比，无须解决超越方程，因为提出的近似 BED 的决策是微不足道的。唯一的复杂性仍然是在每次测量后计算 $\overline{\omega}$，可以通过置信传播方法[60]有效进行。使用置信传播实现，在最坏的情况下，每个动作评估的计算复杂度的数量级为 $QK4^{B_{\max}}$。本节认为 $B_{\max}$不应设置得太大：随着 BF 带宽的增加，不同覆盖通道状态的似然函数将变得难以区分，因此，通过允许 $B_{\max}$成为一个大值，性能的提升微不足道。

4.2.4 仿真结果

本章研究了 4 种不同的宽带感知方案：①近似贝叶斯实验设计方法(Approximated Bayesian Experimental Design, ABED)，使用贝叶斯代价 c_A 构建的拟合 BED，通过 $\bar{d}=\bar{d}^{max}(\bar{\omega})$ 进行构造，使用 $Q=10$ 个样本进行动作评估；②标准贝叶斯实验设计方法(Standard Bayesian Experimental Design, SBED)，使用贝叶斯代价 c_S 的标准 BED；③近似扫描方法(Approximated Sweep, ASweep)，一种测量前 K 个通道并逐个顺序进行假设测试决策的感知方案，并使用通过 $d_l=\bar{d}^{max}(\bar{\omega})$ 构建的贝叶斯代价 c_A；④压缩感知方法(Compressed Sensing, CS)，一种基于理想 CS 信号恢复算法的感知方案，如果占用通道的数量小于测量数量的一半，则可以完全恢复所有通道的联合状态并完全检测到它们[61]，否则信号恢复失败，并将所有通道报告为占用。

模拟以 $L=20$、$d=6$、$B_{max}=5$、$\sigma_0^2=0.1$、$\forall l$、$\sigma_l^2=3.1$ 和 $\bar{\omega}_0(l)=0.7$ 为结论，并测量数量 K 从 1 变化到 8。对于任何感知方案，在收集了 K 个测量后，进行检测决策，并定义 H_F 为错误报告的频谱空洞数量，H_T 为正确检测到的频谱空洞数量，H_{TF} 为完全决定的频谱空洞数量。基于这些定义，计算了两个性能指标：未满足的频谱空洞比例，表示为 R_U，以及干扰主要用户的概率，表示为 C_I，它们定义为 $R_U \triangleq \min\{1, H_T/d\}$，$C_I \triangleq H_F/H_{TF}$。

图 4-4 和图 4-5 显示了 5000 次独立运行的平均结果。可以观察到，对于 ABED 和 ASweep，它们的单独指标 C_I 和 R_U 非常接近，原因是在大多数情况下，它们报告了恰好 d 个频谱空洞，因此 $C_I=R_U$。随着测量次数的增加，ABED 和 ASweep 都可以改善检测结果，经过 8 次测量后，它们展现出了满意的性能，用于识别频谱空洞和保护主要用户。ABED 显示出比 ASweep 更出色的性能，原因是 ABED 可以在感知过程中调整其测量，因此提供了比 ASweep 的开环测量分配策略更丰富的信息。

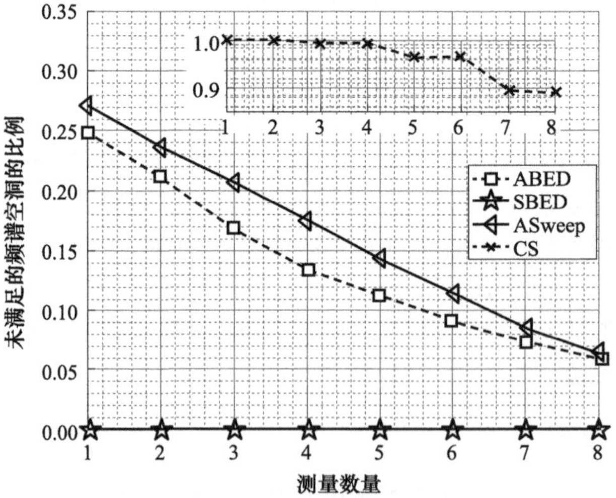

图 4-4　未满足的频谱空洞比例

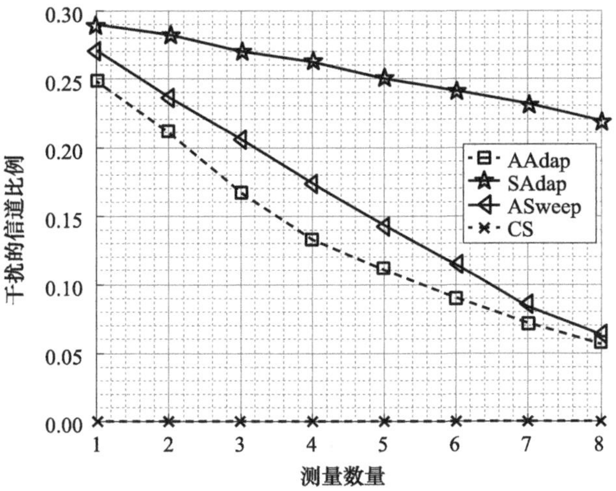

图4-5 干扰主要用户的通道

通过比较 ABED 和 SBED,可以观察到提议的代价 c_A 对于检测的好处。从图4-4可以观察到即使进行了一次测量,SBED 也能完全满足频谱空洞的要求。原因是 SBED 报告了所有未被怀疑为占用的通道作为频谱空洞,这些报告的频谱空洞包括所有未测量的通道,因为这些未测量的通道被认为空闲的概率为0.7。这种激进的检测规则以高概率满足了频谱空洞的要求,但也增加了干扰主要用户的风险,可以从图4-5中观察到这一点。此外,由于 SBED 的检测规则将占用和频谱空洞的检测视为同等重要,因此其感知预算中的一些测量将用于已经进行了测量并且不太可能是频谱空洞的通道。尽管在确认通道是否真正被占用以及是否需要检测所有通道的情况下进一步确认通道确实被占用是有道理的,但当感知目标是发现一定数量的频谱空洞时,这显然是不合理的,并且存在一些未测量的通道,它们很可能是空闲的(概率为0.7)。这就是与 ABED 相比,SBED 在增加感知预算时取得进展较少的原因。

4.3 基于深度强化学习的宽带感知决策

在基于贝叶斯实验设计的宽带频谱感知任务中,本节考虑是基于"扫描-变焦感知架构"的序贯感知结构,其在约束的频谱搜索动作空间下,通过贝叶斯实验理论建立序贯搜索策略。本节将介绍无动作空间限制下的宽带搜索方式,通过马尔可夫决策过程模式和强化学习方法进行感知策略的构建和学习求解。

4.3.1 宽带频谱序贯决策数学建模

本节考虑具有 L 个信道的宽带认知无线电系统，这些信道根据频率位置从 1 到 L 进行索引。每个通道的状态，如第 l 个信道，表示为 x^l，其中 $x^l=1$ 表示"忙碌"状态，$x^l=0$ 表示"空闲"状态。相应地，对于这 L 个信道，有 L 个序列 $\{y_t^l,t\geqslant 0\}_{l=1}^{L}$，其中 y_t^l 表示感知结果，如果第 l 个通道在时隙 t 被采样。y_t^l 和 x^l 之间的关系可以用数据似然函数(Likelihood Function，LLF)$f^l(y\mid x)$来表征。因此，$\forall t$，如果 $x^l=1$，则 y_t^l 遵循概率密度函数(PDF)$f^l(y\mid 1)$；如果 $x^l=0$，则 y_t^l 遵循 PDF$f^l(y\mid 0)$。在该场景设定下，宽带频谱感知决策问题可描述如下。

(1)感知目标：一个认知节点试图找到最多 $N_0(0<N_0\leqslant L)$ 个空闲信道。挑战在于，由于硬件限制等原因，节点每次只能对一个通道进行采样。因此，在采样预算有限的情况下，节点需要仔细分配传感时隙以可靠地最大化传感。

(2)传感策略：具体来说，需要设计一个感知策略 $\{\iota_t\}_{t=0}^{\tau}$，其中 ι_t 表示在时隙 t 进行采样的信道，τ 表示停止采样的时间。假设节点需要在至多 T 个时隙内做出感知决策，即 $\tau\leqslant T$。

(3)信念更新：遵循感知策略，节点可以获得感知结果 $\{y_t^{\iota t}\}_{t=0}^{\tau}$，可以利用它迭代更新对通道状态的信念。让向量 $\boldsymbol{\beta}_t=[\beta_t^1,\beta_t^2,\cdots,\beta_t^L]$ 表示对通道状态的信念，其中 $\beta_t^l\in[0,1]$ 表示 $x_l=1$ 在时间段 t 的概率。给定传感观察，$\boldsymbol{\beta}_t$ 可以更新为

$$\beta_{t+1}^l=\begin{cases}\beta_t^l, & l\neq\iota_t\\ g^l(y_t^{\iota t}\mid\beta_t^{\iota t}), & l=\iota_t\end{cases}\tag{4-20}$$

式中：$g^l(y\mid\beta)$ 表示给定当前信念 β 和观察 y 的通道 l 的贝叶斯信念更新规则，定义为

$$g^l(y\mid\beta)=\frac{\beta f_1^l(y)}{\beta f_1^l(y)+(1-\beta)f_0^l(y)}\tag{4-21}$$

(4)采样代价：在时隙 t，从通道 $\iota_{t-1}=m$ 切换到通道 $\iota_t=l$ 的成本通过 $c_S(m,l)$ 表征。请注意，如果 $\iota_{t-1}=\iota_t=m$，则 $c_S(m,m)$ 表示连续采样通道 m 的成本。通常，$c_S(i,j)$ 随 $|i-j|$ 增加，这不鼓励频繁和大步长的通道切换。

(5)感知决策：给定 $\boldsymbol{\beta}_\tau$，通过将最有希望的 N_0 通道的置信值与预定义阈值(为简单起见假设为 0.5)进行比较来做出感知决策。具体来说，传感决策 $\hat{\boldsymbol{x}}$ 确定为

$$\hat{x}_l=\begin{cases}0, & \beta_\tau^l<0.5, l\in\boldsymbol{l}_{D0}\\ \text{无}, & \text{其他}\end{cases}$$

式中：$\boldsymbol{l}_{D0}=\mathrm{Sort}(\boldsymbol{\beta}_\tau,N_0)$，和 $\mathrm{Sort}(\mathcal{A},n)$ 返回 $\mathcal{A}$ 的最小 $\min\{|\mathcal{A}|,n\}$ 元素的关联

索引($|\mathcal{A}|$ 表示 $\mathcal{A}$ 的大小)。这里,"无"表示认知节点不确定通道的状态。

(6)决策成本:给定一个信念向量 $\boldsymbol{\beta}$(和相应的传感决策 $\hat{\boldsymbol{x}}$),决策成本 $c_D(\boldsymbol{\beta})$ 是通过考虑检测可靠性和传感要求的满足度来定义的。将 $\mathcal{T}_0$ 表示为 $\boldsymbol{x}$ 中状态为"0"的通道集。将感知决策 $\hat{\boldsymbol{x}}$ 与真实状态 $\boldsymbol{x}$ 进行比较,$\mathcal{R}_0$($\mathcal{W}_0$)表示为一组正确(错误)决定的具有空闲状态的通道。成本 $c_{\mathrm{D}}(\boldsymbol{\beta})$ 定义为

$$c_{\mathrm{D}}(\boldsymbol{\beta}) = \min\{(N_0 - |\mathcal{R}_0|)^+, |\mathcal{T}_0/\mathcal{R}_0|\} + |\mathcal{W}_0| \tag{4-22}$$

其中 $(a)^+ \triangleq \max\{a,0\}$,$|\mathcal{W}_0|$ 惩罚不正确的决定,$\mathcal{A}\backslash\mathcal{B}$ 表示集合 $\mathcal{A}$ 和集合 $\mathcal{B}$ 之间的差异集,$\{(N_0 - |\mathcal{R}_0|)^+, |\mathcal{T}_0/\mathcal{R}_0|\}$ 表示不满足感知要求的事件。

(7)优化目标:求解最小化总体采样成本和检测决策成本的最优传感策略 $(\{\iota_t^*\},\tau^*)$,即

$$(\{\iota_t^*\},\tau^*) = \underset{\{\iota_t,\tau\}}{\arg\inf}\left\{\mathbb{E}\left[\sum_{t=0}^{\tau} c_{\mathrm{S}}(\iota_{t-1},\iota_t) + c_{\mathrm{D}}(\boldsymbol{\beta}_\tau)\right]\right\} \tag{4-23}$$

其中,期望源自于感测观察和信道状态的随机性。

基于 MDP 理论的最优宽带频谱感知决策

此处定义了一个 MDP 模型来表示 WSS 问题,从中定义最优 WSS 策略。MDP 的特征完全在于指定 4 元组 $(s,a,p(\cdot|s,a),c(s,a))$,即状态、动作、状态转换内核和与每个状态 - 动作对相关的成本,其定义如下。

(1)状态:时隙 t 的状态 $\boldsymbol{s}_t$ 定义为 $\boldsymbol{s}_t=[\zeta_t,\boldsymbol{\beta}_t,\boldsymbol{\lambda}_t]$,其中 $\zeta_t=t$ 计数感知时隙,$\boldsymbol{\beta}_t$ 表示节点的置信向量,$\boldsymbol{\lambda}_t$ 表示当前所在的信道(即在时隙 $t-1$ 采样的信道)。此外,还有一个特殊的"终端状态"$\boldsymbol{s}_{\mathrm{EoS}}$ 表示 WSS 进程的终止。请注意,$\boldsymbol{s}_{\mathrm{EoS}}$ 是一种"吸收"状态,一旦进入,就无法离开。

(2)动作:一个动作 a_t 表示节点在时隙 t 的感知决策,动作 $a_t=l(1\leqslant l\leqslant L)$ 表示"采样通道 l"在时隙 t,动作 $a_t=0$ 表示"停止采样",这给出了停止时间 $\tau=t$。

(3)状态转换:在时间槽 $t<T$,如果节点决定对通道 m 进行采样,则有:①随后的状态转换到槽 $t+1$;②信道 m 的信念 β_{t+1}^m 根据式(4-21)更新;③剩余信道的信念保持不变;④定位的信道 $\boldsymbol{\lambda}_{t+1}$ 切换到频道 m。在数学上,给定状态 $\boldsymbol{s}_t=[\zeta_t,\beta_t^1,\cdots,\beta_t^L,\boldsymbol{\lambda}_t]$ 并采取行动 $a_t=m\{1,2,\cdots,L\}$ 中,转移到状态 $\boldsymbol{s}_{t+1}=[\zeta_{t+1},\beta_{t+1}^1,\cdots,\beta_{t+1}^L,\boldsymbol{\lambda}_{t+1}]$ 的时隙 $t+1$ 可以表示为

$$p(\boldsymbol{s}_{t+1}|\boldsymbol{s}_t,a_t=m) = \delta(\zeta_{t+1}-(t+1))\times\delta(\boldsymbol{\lambda}_{t+1}-m)\times \prod_{l\neq m}\delta(\beta_{t+1}^l-\beta_t^l)\times f_Y^m(g^{-1}(\beta_{t+1}^m)|\beta_t^{d_t}) \tag{4-24}$$

式中:$\delta(\cdot)$ 为 Dirac 函数;$g^{-1}(\cdot)$ 为逆映射贝叶斯更新函数(4-21);$f_Y^m(y|\beta^m)$ 表示从给定的通道 m 观察传感测量 y 的 PDF 相关的信念值 β^m,可以用 LLF 表示为 $f_Y^m(y|\beta^m)=\beta^m f_1^m(y)+(1-\beta^m)f_0^m(y)$。

如果节点决定终止感知通道，即 $a_t=0$，或者感知预算用完，即 $t=T$，则状态传输到终端状态 $\boldsymbol{s}_{\mathrm{EoS}}$，即

$$p(\boldsymbol{s}_{t+1}\mid \boldsymbol{s}_t,a_t=0)=\delta(\boldsymbol{s}_{t+1}-\boldsymbol{s}_{\mathrm{EoS}}) \tag{4-25}$$

和

$$p(\boldsymbol{s}_{t+1}\mid \boldsymbol{s}_t=[T,\boldsymbol{\beta}_t,\boldsymbol{\lambda}_t],a_t)=\delta(\boldsymbol{s}_{t+1}-\boldsymbol{s}_{\mathrm{EoS}}) \tag{4-26}$$

一旦达到 $\boldsymbol{s}_{\mathrm{EoS}}$，就不能再离开，即

$$p(\boldsymbol{s}_{t+1}\mid \boldsymbol{s}_t=\boldsymbol{s}_{\mathrm{EoS}},a_t)=\delta(\boldsymbol{s}_{t+1}-\boldsymbol{s}_{\mathrm{EoS}})$$

（4）成本：在状态 $\boldsymbol{s}_t$ 采取行动 a_t 的成本包括采样成本（如果 $a_t\in\{1,2,\cdots,L\}$）和检测成本（如果 $a_t=0$ 或 $\zeta_t=T$）。此外，一旦达到 $\boldsymbol{s}_{\mathrm{EoS}}$，之后就不会产生任何成本。具体来说，与$(\boldsymbol{s}_t,a_t)$相关的成本定义为

$$c(\boldsymbol{s}_t,a_t)=\begin{cases}0, & \boldsymbol{s}_t=\boldsymbol{s}_{\mathrm{EoS}}\\ c_{\mathrm{S}}(\boldsymbol{\lambda}_t,a_t), & a_t\neq 0\\ c_{\mathrm{D}}(\boldsymbol{\beta}_t), & a_t=0,\zeta_t=T\end{cases}$$

对于给定的 MDP，存在最优策略 π^*[62]，即从状态到动作的映射 $\pi^*:s\mapsto a$，这样

$$\pi^*\triangleq\underset{\pi\in\Pi}{\operatorname{arginf}}\left\{\mathbb{E}\left[\sum_{\tau=0}^{\infty}c(\boldsymbol{s}_\tau,\pi(\boldsymbol{s}_\tau))\right]\right\} \tag{4-27}$$

式中：Π 表示所有固定确定性策略的集合。比较式（4-23）和式（4-27），可以看出，最优感知策略（$\{\iota_t^*\},\tau^*$）可以表示为 Π^*：如果 $\pi^*(s_t)>0,\iota_t^*=\pi^*(s_t)$；如果 $\pi^*(s_t)=0$，则 $\tau^*=t$。

此外，π^* 可以通过所谓的 Q 函数 $Q^*:s\times a\mapsto\mathbb{R}$ 构造为

$$\pi^*(s)=\underset{a}{\operatorname{argmin}}\{Q^*(s,a)\} \tag{4-28}$$

式中：Q^* 通过贝尔曼方程定义为 $Q^*(s,a)=c(s,a)+\mathbb{E}[\min\{Q^*(S',a')\}\mid s,a]$，其中 S' 表示给定当前时隙的状态 s 和动作 a 的下一个时隙的随机状态。

因此，解决最优传感策略归结为估计 Q^*，这将在下一节中通过深度强化学习来解决。

4.3.2 基于改进 DQN 算法的宽带频谱感知算法

本节首先介绍经典的深度 Q 网络（Deep Q-Network，DQN）算法。其次，解释直接将 DQN 应用于 WSS 的挑战。最后，提出一种模型增强的 DQN 算法来解决该问题。

（1）介绍 WSS 的 DQN 算法：经典 DQN 算法[63]由两大支柱组成：使用 DNN 逼近 Q^*，以及使用“类似监督学习”的批量梯度下降估计 Q^*。

下面利用4层全连接DNN来近似 Q^*，其中大小为 $L+2$ 的输入层表示 $\boldsymbol{s}_t=[\zeta_t,\beta_t^1,\cdots,\beta_t^L,\lambda_t]$，输出层的大小为 $L+1$，第 l 个神经元表示 $Q^*(s_t,a=l)$，两个隐藏层的大小为 $2L$ 和 ReLU 激活函数。将 DNN 的函数表示为 $\hat{Q}(\boldsymbol{s},a\mid\boldsymbol{\theta})$，其中，$\boldsymbol{\theta}$ 为网络的相关参数向量。

对于参数训练，DQN 利用两个 DNN，即"online - network" $\hat{Q}(s,a\mid\boldsymbol{\theta})$（带参数 $\boldsymbol{\theta}$）和"target - network" $\hat{Q}(s,a\mid\boldsymbol{\theta})$（带参数 $\bar{\boldsymbol{\theta}}$）。参数用训练数据集训练，$\mathcal{D}=\{(\boldsymbol{s}_m,a_m,c_m,\boldsymbol{s}'_m)\}_{m=1}^M$，其中 $(\boldsymbol{s}_m,a_m,c_m,\boldsymbol{s}'_m)$ 称为一个转换，c_m 和 $\boldsymbol{s}'_m$ 分别表示立即成本和采取行动后的下一个状态 a_m 所在状态 $\boldsymbol{s}_m$。DQN 利用迭代训练过程来更新 $\boldsymbol{\theta}$。每次迭代如下进行。

① 从 D 中随机抽取一批大小为 B 的数据，$B=\{(\boldsymbol{s}_i,a_i,c_i,\boldsymbol{s}'_i)\}_{i=1}^B$。

② 基于 B 和 $\hat{Q}(s,a\mid\bar{\boldsymbol{\theta}})$，计算 o_i，$\forall i$，即

$$o_i=\begin{cases}c_i, & s'_i=s_{\text{EoS}}\\ c_i+\min\limits_{a'}\hat{Q}(s'_i,a'\mid\bar{\boldsymbol{\theta}}), & \text{其他}\end{cases} \tag{4-29}$$

③ 损失函数构造为

$$L=\frac{1}{2B}\sum_{i=0}^{B-1}(\hat{Q}(\boldsymbol{s}_i,a_i\mid\boldsymbol{\theta})-o_i)^2 \tag{4-30}$$

④ 对在线网络的参数 $\boldsymbol{\theta}$ 进行一个梯度下降步骤以减少 $\mathcal{L}$。对于足够数量的迭代，将目标网络更新为在线网络，即 $\bar{\boldsymbol{\theta}}=\boldsymbol{\theta}$。

重复上述过程直至收敛。学习到的在线网络可以通过式(4-28)应用于生成传感策略。

(2)信念空间中的探索挑战：在WSS设置中，上面已讨论了与获得适用的训练数据集 D 相关的挑战。在强化学习社区中，最广泛用于数据收集的方法是 ϵ - greedy 方案，其中 DQN 算法与环境交互并从环境的反馈中收集数据。具体来说，假设一个带有状态 $\boldsymbol{s}_t$ 的决策时刻，ϵ - greedy 方案考虑两种情况：①以概率 ϵ，选择符合条件的动作空间上的随机动作 a_t；②以概率 $1-\epsilon$，从学习参数 $\boldsymbol{\theta}$ 导出一个贪婪动作作为 $a_t=\mathrm{argmax}_a\hat{Q}(s_t,a\mid\theta)$。在应用选择的动作 a_t 之后，环境返回成本 c_t 和下一个状态 $\boldsymbol{s}_{t+1}$。4元组 $(\boldsymbol{s}_t,a_t,c_t,\boldsymbol{s}_{t+1})$ 收集并存储在 $\mathcal{D}$ 中。在 ϵ - greedy 方案中，随机动作试图驱动状态轨迹去探索不同的 state - action pairs 来保证学习的稳定性，而贪婪动作是估计最好的 state - action pairs，可以收集更多提高学习效率的信息数据。

然而，ϵ - greedy 在本节的问题中表现出探索挑战。这是因为，在一个状态下，只有选择 ACTIONL，才能更新信念值 beta_l。假设平均而言，它需要 N 个样本来可靠地确定通道 l 的状态（即驱动 β_l 接近0或1）。那么，粗略地说，使用 ϵ - greedy，可靠地确定通道 l 状态的概率是 $\mathcal{O}((\epsilon/L)^N)$。也就是说，在初始阶段，

ϵ - greedy 收集的数据集 $\mathcal{D}$ 主要包含在节点不确定真实状态时做出的感知决策，这些感知决策容易出错且无法指导节点学习支付抽样成本与降低决策成本之间的关系。因此，从 $\mathcal{D}$ 中，DQN 算法发现难以学习最优策略。

(3)学习稳定性和效率的模型增强：为了解决上述问题，建议使用通过利用环境先验知识生成的合成转换来扩充训练数据 $\mathcal{D}$(使用ϵ - greedy 不断更新)。具体来说，离线生成一个增强数据集 $\mathcal{D}_A$，并使用从 $\mathcal{D}_A \cup \mathcal{D}$ 采样的转换训练神经网络。

接下来介绍 $\mathcal{D}_A$ 的生成。每个转换$(\boldsymbol{s}_A, a_A, c_A, \boldsymbol{s}'_A) \in \mathcal{D}_A$ 生成如下。

① 对状态 $\boldsymbol{s}_A = [\zeta_A, \boldsymbol{\beta}_A, \boldsymbol{\lambda}_A]$进行采样，使得 $\zeta_A, \boldsymbol{\beta}_A = [\beta_A^1, \beta_A^2, \cdots, \beta_A^L]$ 和 $\boldsymbol{\lambda}_A$ 分别均匀分布在它们相应的域中。

② 样本状态向量 $\boldsymbol{x}_A = [x_A^1, x_A^2, \cdots, x_A^L]$ 使得 x_A^l 服从伯努利分布带有参数 β_A^l。

③ 来自$\{0, 1, \cdots, L\}$的示例操作 $a_A = l$。

④ 如果 $l \neq 0$ 和 $\zeta_A \neq T$，转换成本为 $c_A = c_S(\boldsymbol{\lambda}_A, l)$。计算生成下一个状态 $\boldsymbol{s}'_A = [\zeta'_A, \boldsymbol{\beta}'_A, \boldsymbol{\lambda}'_A]$ 为：设置 $\zeta'_A = \zeta_A + 1$；基于 LLF $f^l_{x^l_A}$ ly(·)，并通过更新公式(4 - 20)和 y 得到$\boldsymbol{\beta}'_A$；设 $\boldsymbol{\lambda}'_A = l$。

⑤ 如果 $l = 0$ 或$\zeta_A = T$，则转换成本为 $c_A = c_D(\boldsymbol{\beta}_A)$，并得到下一个状态 $s'_A = s_{EoS}$。

与传统的 DQN 算法相比，MA - DQN 算法表现出更好的学习稳定性和效率。这是因为 $\mathcal{D}_A$ 的转换均匀分布在状态空间和动作空间，这不仅提供了良好的覆盖范围并增强了学习稳定性，而且还提供了有关传感决策成本的信息反馈并加快了学习速度。此外，在逐步学习信息的指导下，ϵ - greedy 方法可以使 $\mathcal{D}$ 更专注于信息状态，进一步提高学习效率。

4.3.3 仿真结果

本节考虑一个传感环境，其信道数 L 范围从 1 到 10，并且 $N_0 = L/2$。对于每个信道，初始空闲概率 $\beta_0^l = 0.5$，感知观测值 y 服从高斯分布 $N(0,4)$。当信道繁忙时，服从 $N(0,1)$；当信道空闲时，采样成本 $c_S(i,j) = 0.02 + 0.005 \times |i - j|$。最大感应持续时间 $T = 5L$ 时隙。

MA - DQN 学习的感知策略命名为“MA - DQN - SS”。作为基线，可以考虑一种名为“Random - SS”的随机传感策略，它在通道上随机采样，直到传感预算耗尽。此外，本节还考虑了一种类似于参考文献[64]的固定感知持续时间的感知策略，名为“Fix - SS”，它逐个搜索 N_0 个空闲信道，并且每个信道都检测到固定数量的感应槽。我们也考虑了一种基于 SPRT 的传感策略[50-52]，名为“SPRT - SS”，它类似于 Fix - SS，只是每个通道的检测是通过 SPRT 进行的。

图 4 - 6 显示 Random - SS 表现最差，因为其均匀分布传感槽。与 Random - SS 相比，Fix - SS 实现了更好的性能，因为它避免了频繁切换信道并在认为满足

感知要求时终止搜索信道。SPRT – SS 优于 Fix – SS,因为它根据检测可靠性调整传感持续时间,事实证明,这是一种分配传感时隙以提高检测可靠性和降低采样成本的有效方法。MA – DQN – SS 获得最佳性能,因为它在每个决策时刻都享有完全的适应自由,而不会限制其 WSS 策略结构。

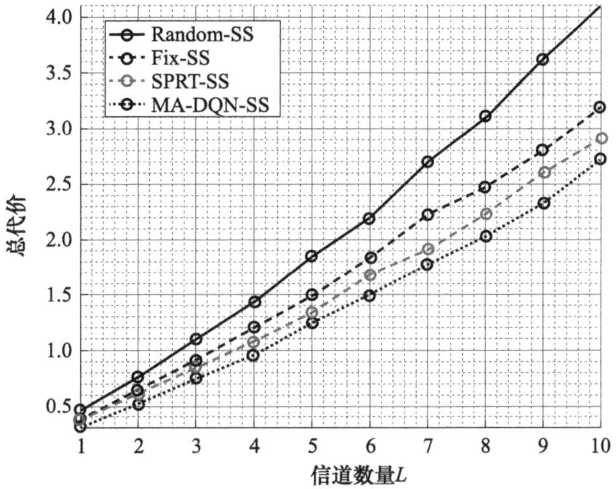

图 4 – 6 感知性能

图 4 – 7 可视化 $L=2$ 时 MA – DQN 的学习策略,其中“Stop”表示停止传感过程,“Src1”表示采样通道 1,“Src2”表示采样通道 2。图 4 – 7(a)、(b)分别展示了给定当前采样通道 $\lambda=1$ 和传感时隙 $\zeta=3(\zeta=9)$ 的学习策略。可以看出,学习到的策略展示了与 SPRT – SS 类似的阈值结构,即如果信念值超过特定阈值,就会终止感知通道。但与 SPRT – SS 不同的是,MA – DQN 在通道之间切换以降低检测不确定性,并通过联合考虑后验来进行决策,从而提高感知可靠性。此外,学习策略根据当前感知时隙调整终止阈值,从而在采样成本和决策成本之间取得更好的平衡。

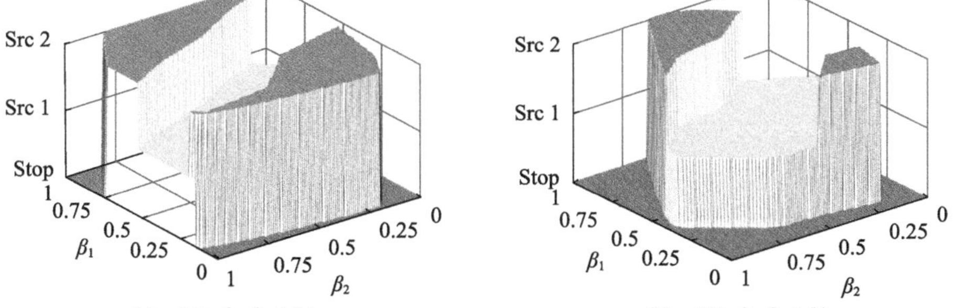

(a) $\pi([3,\beta_1,\beta_2,1])$ (b) $\pi([9,\beta_1,\beta_2,1])$

图 4 – 7 当 $L=2$ 时学习到的策略

图4-8显示了MA-DQN和传统DQN(CNV-DQN)算法的学习曲线。每条曲线显示1000次独立运行测量的成本平均值,而阴影区域表示从“平均值-标准误差”到“平均值+标准误差”的范围。可以看出,MA-DQN和CNV-DQN都在$L=1$时起作用。然而,由于模型增强数据,MA-DQN收敛速度提高了10倍。当$L=2$时,探索难度增加,CNV-DQN无法仅依靠ϵ-greedy方法在信念空间中进行有效探索,并且不成熟地收敛到次优策略。当$3 \leq L \leq 10$时,也观察到了CNV-DQN的这种不利特征。

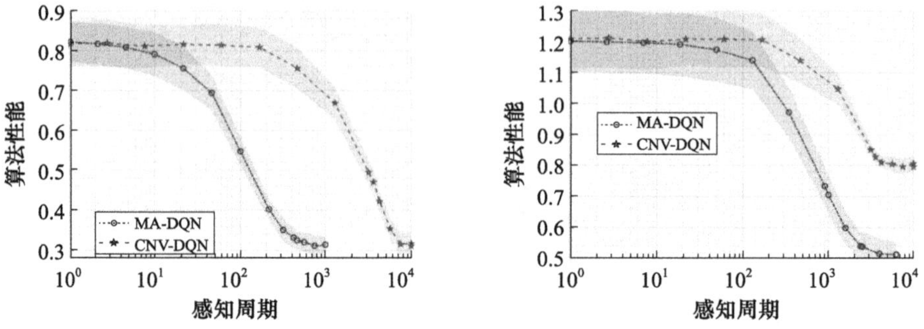

(a) L=1 (b) L=2

图4-8　学习特征

第 5 章 智能频谱接入决策

认知无线电节点通过频谱感知识别未被主用户使用的频谱空洞后，可以尝试接入并利用发现频谱空洞进行信息交互。认知节点进行频谱接入的过程中需要分析这些可用频谱的质量和特性，这包括评估信道的质量、可能存在的干扰以及频谱的适用性。这可以帮助认知节点决定是否接入这个频谱空洞，以及如何最有效地使用它。例如，如果一个频谱空洞信号质量不佳或干扰严重，则可能会选择放弃这个频段，从而寻找更合适的频谱空间。

5.1 无线频谱接入决策

5.1.1 无线频谱接入方式

当 SU 检测到可用的频谱空洞时，SU 需要决定是否以及如何利用这些机会，即如何进行频谱接入决策。SU 可以通过机会频谱接入、并发频谱接入和合作频谱接入三种方案来使用无线电频谱[65-66]。

机会频谱接入是一种避免干扰的频谱接入方式。SU 需要定期监测无线电环境，并智能地检测 PU 在频谱不同部分的活动。SU 发现可用频谱时，其可以机会性地通过这些频谱空洞进行通信。由于可能存在误检测，仍需进行功率控制，以尽量减少对活跃 PU 的干扰。可见，机会频谱接入的核心是对无线电环境的监测，这要求 SU 具备高度灵敏和准确的感知能力。SU 需要定期且持续地监测频谱以便识别出未被 PU 使用的频段。在这一过程中，频谱感知技术的选择至关重要，它不仅需要高效地识别空闲频段，还应最小化对已有通信的干扰。其次，误检测问题是机会频谱接入中不可忽视的一部分。由于各种原因，如环境噪声、信号弱化或设备限制，SU 可能错误地将某频段识别为未使用，从而在实际上被 PU 占用的频段上进行通信。这种误检测不仅可能导致对 PU 通信的干扰，还可能引发法规上的问题，因为在许多地区，未经授权而使用特定频段可能违反无线电通信规定。此外，即便 SU 正确地识别了空闲频段，但仍需进行有效的功率控制。这是因为，即使频段当前未被使用，PU 也可能随时开始使用该频段。因此，SU 在进行机会频谱接入时，必须采用适当的功率水平，以便在不引起干扰的前提下进行通信。这就要求 SU 不仅对频谱环境有深入了解，还能够灵活调整其发射功率,以应对动态变化的无线电环境。

并发频谱接入是一种控制干扰的频谱接入方法,允许 PU 和 SU 并发地传输,但对 SU 的发射功率施加限制,以确保接收到的干扰功率不超过干扰阈值。因此,并发频谱接入要求 SU 具备高度灵敏和精准的功率调整能力,以便在不同情境下迅速适应环境变化。例如,在 PU 活动较少或不在的情况下,SU 可能需要增加功率以提高传输效率;而在 PU 活跃的情况下,则需要降低功率以减少干扰。其次,频谱利用效率的优化也是一个重要的考虑因素。由于 SU 和 PU 是并行使用同一频段,因此如何在确保不干扰 PU 的同时最大化频谱的利用,成为一个挑战。这就需要 SU 能够智能地选择合适的频段和调整传输策略,以便在保护 PU 的同时,也能高效地利用空闲的频谱资源。此外,信号分散也是并发频谱接入中的一个关键技术。通过将信号在宽频带上分散,SU 可以在极低的发射功率下实现较高的数据传输速率。这种方法不仅有助于减少对 PU 的干扰,同时也能在一定程度上提高 SU 的通信质量。然而,这也需要 SU 拥有复杂的信号处理能力,以便有效地管理其频谱使用。

合作频谱接入是一种减少干扰的频谱接入方法,允许 PU 和 SU 的并发传输。这种方法对 SU 的发射功率没有任何限制,而是对 SU 何时、何地进行传输施加限制。SU 需要不断解码主要用户的信息,然后利用部分功率进行自己的数据传输,剩余功率用于协助(中继)PU 的传输,以减少 SU 造成的干扰。由于合作频谱接入中 SU 在进行数据传输时需要解码并协助 PU 的信号传输,这就要求 SU 具备一定的信号处理能力。SU 不仅要处理自己的数据传输,还要为 PU 的信号转发提供一定的功率和技术支持。这样的操作复杂度较高,对 SU 的硬件和软件配置提出了更高要求。其次,合作频谱接入策略还需要考虑如何有效分配 SU 的传输功率。SU 需要在自身数据传输和协助 PU 传输之间合理分配功率。过多的功率用于自身传输可能会对 PU 造成干扰,而过少的功率则可能导致 SU 自身的通信效率不足。因此,如何平衡这一关系,成为实施合作频谱接入时的一个重要挑战。最后,合作频谱接入在实际应用中还需要考虑用户的移动性。由于用户可能不断移动,SU 和 PU 的相对位置及其对频谱环境的影响可能会随时间变化。因此,需要实时调整频谱接入策略,以适应用户移动带来的环境变化。

5.1.2 频谱接入的能量考虑

为了降低成本和环境影响,如何高效利用能源是频谱接入需要考虑的另一个重要设计考虑因素。能量收集(Energy Harvesting)技术为上述问题提供了解决方案。能量收集装置能够从周围环境中回收能量,如阳光、室内照明、电磁能等[67]。能量收集装置的关键部件称为能量收集传感器,它可以将其他类型的物理量,如压力或亮度,转化为电能。如参考文献[68]所述,能量采集器能够以足够小尺寸为便携式电子设备产生140mW功率的能量(注意,无线传感器节点的发射功率通常在100μW~100mW变化[69])。因此,给低功率通信设备配备能量采集器将有可能实现传感器能量的自给自足[69],从而减少无线传感器网络在运行阶段的能量消耗。更进一步地,通过能量收集技术,传感器网络的寿命将不受电池容量的限制,而是达到了硬件的寿命极限[70],从而大大降低了对设备进行重复生成和重新部署的能量成本。在能量收集的背景下,认知无线电的频谱感知和接入决策已被广泛研究[71-83],接下来对其进行分类和总结。

1. 最佳感知设计

参考文献[71-75]关注的是最佳感知,而不是数据传输。在能量因果关系约束下,单信道系统考虑感知策略(即感知与否)和能量检测[71-72]。具体而言,在参考文献[71]中提出了具有能量因果关系和碰撞约束的频谱感知策略和检测阈值的随机优化问题。在参考文献[72]中,针对贪婪感知策略,感知持续时间和能量检测阈值被联合优化。研究参考文献[55]考虑多用户多信道系统,其中单一用户有能力从射频信号中获取能量。因此,可以从原始信号中获取能量。在收集更多能量(从繁忙信道)和获得更多接入机会(从空闲信道)的目标之间进行平衡,研究参考文献[73]考虑了最优SU感知调度问题。在协同频谱感知中,已经研究了感知策略的联合设计、协作SU的选择和感知阈值的优化[74],该研究在参考文献[75]中得到了扩展,其中:①SU能够从射频和常规来源(太阳能、风能和其他)来源获取能量;②SU具有不同感知精度。

2. 最佳传输

如果SU有接入频谱的辅助信息,良好的数据传输策略可以大大地提高系统性能[76-77]。具体而言,参考文献[76]考虑了能量收集认知传感器节点的数据速率适配和信道分配,其中信道状态由第三方系统提供(不会耗尽传感器节点的能量)。参考文献[77]考虑了时分多址(Time Division Multiple Access,TDMA)系统中时隙分配和传输功率控制的联合优化。此处,SU使用底层频谱接入(即使频谱被占用,它们也可以传输,前提是PU上的干扰低于某个阈值[65])。

3. 带有静态信道的联合设计

参考文献[78-81]考虑了静态无线信道的联合检测和传输设计。具体而言,参考文献[78]考虑了传感策略、传感持续时间和发射功率的联合优化。类似地,在参考文献[79]中考虑了传感能量、传感间隔和传输功率的联合设计。参考文献[80]考虑了能量半双工约束(SU在收集能量时不能感知或传输)场景,为了平衡能量采集、传感精度和数据吞吐量,其提出了采集、传感和传输的持续时间的联合优化方法。在参考文献[81]中,考虑了一个类似的收集-传感-传输比优化问题,其中SU可以从射频信号中收集能量,并且主用户的传输遵循时隙结构(因此信道占用状态可能随时改变)。

4. 衰落信道下的联合设计

参考文献[82]考虑了多个信道和能量收集认知节点。这文献考虑了不寻常的设定,即在信道检测前进行信道探测。这种方法有从探测到繁忙信道的风险。当这种情况发生时,用于信道估计导频将破坏主信号,同时导频反过来可能对主接收机造成干扰。

参考文献[83]研究以下几个问题:①多个频谱传感器(由采集的能量供电);②多个电池供电的数据传感器用于数据传输;③一个接收节点用于数据接收的 SU 传感器网络。第一个问题是优化调度,以便在信道上分配频谱传感器,从而最大化信道接入。第二个问题是,当感知操作识别空闲信道时,如何在数据传感器之间分配传输时间、功率和信道,以最小化能耗。在这个文献中,信道状态信息可用性是先验假设的(这意味着始终在线的信道探测,而不消耗能量)。

5.2 基于数据重要性考虑的频谱接入决策

本节考虑能量受限无线传感器节点的接入频谱决策。特别地,在获取感知数据时,该无线传感器节点根据电池状态、数据优先级和衰落状态,决策是否进行数据传输,从而充分挖掘能量和频谱的利用效率,以最大化重要数据的传输。

5.2.1 系统模型和问题表述

1. 运行时序

本小节考虑具有一个无线传感器节点(发射器)及其接收器的单个链路。在后续中,"节点"即意味着传感器节点。时间被分成周期,其中周期的持续时间是随机的,如图 5-1 所示。

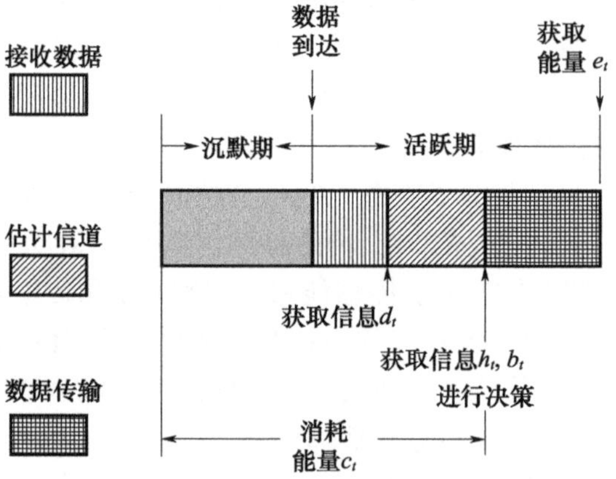

图 5-1 循环结构

一个周期(如周期 t)以静默期开始,在此期间节点等待直至数据包到达。当这种情况发生时,静默期结束,活跃期开始。在此活动期间,节点必须决定是发送接收到的数据包还是丢弃它。数据包传输或丢弃后,周期 t 结束,周期 $t+1$ 的静默期开始。同时,节点获得能量补充 e_t,在周期 t 期间获得。请注意,一个周期的持续时间是两个连续数据包到达之间的间隔,它可以是随机的,但假设足够长以在活动期间执行必要的任务,即数据接收、信道估计和可能的传输。

2. 状态和动作

在周期 t 的活动期间,节点基于状态 $s_t=[b_t,h_t,d_t]$ 做出传输决定,其中 b_t 是剩余能量,h_t 是传输所需的能量,d_t 是数据包优先级。这些数量详述如下。

(1)节点接收并解码数据包。假设节点能够通过如读取分组内容来评估分组的优先级 d_t。这里更高的优先级值 d_t 意味着更重要。

(2)该节点向接收机发送合适的导频信号,并从接收机的反馈中获得信道功率增益(Channel State Information,CSI)z_t。然后,节点根据全信道反向功率控制方案[84]使用 z_t 来估计所需的发射能量 h_t,这确保了接收器处的特定目标信号功率。不失一般性,假设单位目标接收功率和单位传输持续时间,因此,传输所需的能量可以给出为 $h_t=1/z_t$。

(3)$b_t\in[0,1]$表示节点电池中的剩余能量,表示在周期 t 中用于待机(在周期 t 的静默期),数据接收和信道估计(在周期 t 的活动期)。请注意,电池的容量设置为标准单位能量。

决策变量 $a_t=1$ 表示“发送”,$a_t=0$ 表示“丢弃”。如果 $a_t=0$,则数据包以零能耗丢弃。另外,如果选择 $a_t=1$,并且

① 如果能量充足($b_t\geqslant h_t$),则节点消耗能量 h_t 因此数据包将成功传送。

② 如果能量不足,分组传送失败,剩余能量耗尽,即能量消耗为 b_t。

3. 状态动力学

本小节建模 s_{t+1} 和(s_t,a_t)之间的关系。假设$\{h_t\}_t$是独立同分布的连续随机变量,其概率密度函数为 PDF$f_H(x)$。同样,$\{d_t\}_t$是独立同分布的连续随机变量,其 PDF 为 $f_D(x)$。因此,h_{t+1} 和 d_{t+1} 独立于(s_t,a_t)。

但是,b_{t+1} 受(s_t,a_t)影响,因为(b_t,h_t,a_t)的不同组合导致不同的能耗(5.2.1 节)。而且 b_{t+1} 也要依赖于 e_t。最后,在周期 $t+1$ 期间,静默期的等待以及活动期的数据接收和信道估计都消耗能量,其总量表示为 c_{t+1}。因此,b_{t+1} 进一步受 c_{t+1} 的影响,有

$$b_{t+1}=((\varrho(s_t,a_t)+e_t)^- - c_{t+1})^+ \tag{5-1}$$

式中：$(x)^{-} \triangleq \min\{x,1\}$，$(x)^{+} \triangleq \max\{x,0\}$，且

$$\wp(s_t,a_t) = (b_t - h_t \cdot a_t)^{+} \tag{5-2}$$

假设$\{e_t\}_t$和$\{c_t\}_t$是独立同分布连续随机变量，分别有 PDF$f_E(x)$和 PDF$f_C(x)$。基于引理5.1，我们将证明，给定$\wp(s_t,a_t)$的值，b_{t+1}是一个与时间无关的连续随机变量，即它的条件 PDF 可以写成$f_B(\cdot \mid \wp(s_t,a_t))$。

因此，给定当前周期的状态 s 和动作 a，下一周期的状态 $s'=[b',h',d']$可以由以下条件 PDF 表征，即状态转移函数，可表示为

$$f(s' \mid s,a) = f_H(h') \cdot f_D(d') \cdot f_B(b' \mid \wp(s,a)) \tag{5-3}$$

在后续中，使用$(\cdot)'$来表示下一个循环中的变量。

4. 奖励机制

在周期 t，当且仅当 $a_t=1$ 且 $b_t \geqslant h_t$ 时，数据包可以成功传输。另外，考虑数据包的优先级 d_t，则在行动 a_t 后的直接回报定义为

$$r(s_t,a_t) \triangleq 1(a_t=1) \cdot 1(b_t \geqslant h_t) \cdot d_t \tag{5-4}$$

式中：$1(\cdot)$是一个指示函数。

5. 问题建模

策略旨在最大化预期总回报。本小节只考虑所有确定性静态策略的集合，表示为Π。确定性平稳策略 $\pi \in \Pi$ 是从状态到动作的时间无关映射，即 $\pi:\mathbb{S} \mapsto \mathbb{A}$，其中$\mathbb{S}=\{s=[b,h,d] \mid b \in [0,1], h \in \mathbb{R}_+, d \in \mathbb{R}_+\}$表示状态空间，$\mathbb{A}=\{0,1\}$表示动作空间。

由于节点不断从环境中获取能量，可能需要多个周期，因此总回报可能是无限的。为了避免这一点，引入折扣因子是最容易分析和研究最广泛的方法。折扣因子$0<\gamma<1$用于确保有限总和是有界的，因此，对于每个 π，根据策略 π 获得的目标值定义为

$$V^{\pi} = \mathbb{E}\left[\sum_{t=0}^{\infty} \gamma^t r(s_t,\pi(s_t))\right] \tag{5-5}$$

式中：期望$\mathbb{E}[\cdot]$由初始状态 s_0 和状态轨迹$\{s_t\}_{t=1}^{\infty}$的分布决定，后者由动作$\{\pi(s_t)\}_{t=0}^{\infty}$引起。注意，如果$\gamma \approx 1$，则 V^{π} 可以（近似）解释为策略 π 发送的数据包的期望总优先级。

本小节的目标是求解一个最优策略 π^*，即

$$\pi^* = \underset{\pi \in \Pi}{\operatorname{argsup}}\{V^{\pi}\} \tag{5-6}$$

因此，在每个周期 t 通过选择传输决策 $\pi^*(s_t)$，传输数据包的期望总优先级值可以最大化。此外，由于节点不知道 PDFf_H、f_D、f_C 和f_E，因此 π^* 的解必须包含相应随机变量的样本。

5.2.2 最优选择性传输策略

1. MDP 理论的标准结果

4 元组$\langle \mathbb{S},\mathbb{A},r,f\rangle$，即状态空间、动作空间、奖励函数和状态转移函数，定义了一个 MDP。从基本的 MDP 理论(见附录)，策略 π^*(定义于式(5－6))可以由状态值函数 $V^*:\mathbb{S}\mapsto\mathbb{R}$ 构成，即

$$\pi^*(s)=\underset{a}{\operatorname{argmax}}\{r(s,a)+\gamma\cdot\mathbb{E}[V^*(s')\mid s,a]\} \tag{5－7}$$

其中，期望是表征当前 s 和 a 的情况下的下一个状态 s' 的随机性。另外，V^* 是贝尔曼(Berman)方程的解

$$V(s)=\max_{a}\{r(s,a)+\gamma\cdot\mathbb{E}[V(s')\mid s,a]\} \tag{5－8}$$

最后，V^* 可以用递归公式来计算。

虽然 V^* 可以通过式(5－8)求解，但是用于得出 π^* 的计算量很大。具体地说，式(5－7)要求对随机的下一个状态 s' 有条件的期望，这是一个计算量很大的任务。因此，本书通过基于状态后值函数的重构来解决这个困难。

2. 基于后状态值函数的重构

后状态(也称为决策后状态)是两个连续状态之间的中间变量，可用于简化某些设计优化问题的最优控制(见附录)。后状态的物理解释依赖于问题本身。接下来为问题确定一个后状态，并证明 π^* 可以在后状态值函数上定义，这可以通过值迭代算法来求解。

从物理上来说，“后状态”p_t 关于周期 t 的值是在执行 a_t 动作之后但在收集的能量 e_t 存储在电池中之前的剩余能量。因此，给定状态 s_t 和动作 a_t，后状态是 $p_t=\varrho(s_t,a_t)$。回想一下$\varrho(s_t,a_t)=(b_t-h_t\cdot a_t)^+$(如式(5.2)中定义)。因此，从式(5.3)可知，条件 PDF 是表示在给定当前周期的后状态 p 下，下一周期的状态 $s'=[b',h',d']$ 的概率分布，即

$$q(s'\mid p)\triangleq f_H(h')\cdot f_D(d')\cdot f_B(b'\mid p) \tag{5－9}$$

因此，式(5－7)和式(5－8)中的期望$\mathbb{E}[V^*(s')\mid s,a]$是在式(5－3)中的条件 PDF 中定义的，并且可以写成$\mathbb{E}[V^*(s')\mid \varrho(s,a)]$，其由式(5－9)和 $p=\varrho(s,a)$ 定义。

基于以上分析，最优策略 π^* 可以重新定义如下。本书将后状态值函数 $J^*:[0,1]\rightarrow\mathbb{R}$定义为

$$J^*(p)=\gamma\,\mathbb{E}[V^*(s')\mid p] \tag{5－10}$$

将式(5－10)代入式(5－7)，得

$$\pi^*(s)=\underset{a}{\operatorname{argmax}}\{r(s,a)+J^*(\varrho(s,a))\} \tag{5－11}$$

因此,式(5-11)提供了最优策略的另一种表述。下面将提出一个数值迭代算法来求解 J^* 问题。

将式(5-10)代入式(5-8),得 $V^*(s)=\max_a\{r(s,a)+J^*(\varrho(s,a))\}$。在两边,可进一步得到 $\gamma\cdot\mathbb{E}[V^*(s')\mid p]=\gamma\cdot\mathbb{E}[\max\limits_{a'}\{r(s',a')+J^*(\varrho(s',a'))\}\mid p]$,替换 a 为 a',替换 s 为 s' 并取(γ-weighted)条件期望 $\gamma\cdot\mathbb{E}[\cdot\mid p]$。注意到左边的 $\gamma\cdot\mathbb{E}[V^*(s')\mid p]$ 恰好是 $J^*(p)$ 的定义,由此可以得出 J^* 满足等式

$$J^*(p)=\gamma\cdot\mathbb{E}[\max_{a'}\{r(s',a')+J^*(\varrho(s',a'))\}\mid p] \tag{5-12}$$

最后,遵循5.3.3节中定理5.5的类似过程,J^* 可以通过数值迭代算法求解(在随机变量 dt 具有有限均值的技术假设下)。具体来说,最初用有界函数 J_0,函数 $\{J_k\}_{k=1}^{K}$ 的序列通过计算如下,$\forall p\in[0,1]$

$$J_{k+1}(p)\leftarrow\gamma\cdot\mathbb{E}[\max_{a'}\{r(s',a')+J_k(\varrho(s',a'))\}\mid p] \tag{5-13}$$

收敛至 J^*,当 $K\to\infty$ 时。

与最优决策需要条件期望式(5-7)不同,方程(5-11)表明最优决策可以直接用 J^* 进行(不需要求解期望)。

3. J^* 和 π^* 的性质

这一小节展示了 J^* 和 π^* 的性质。

引理5.1 假设 $p_t=p$,b_{t+1} 是一个连续的随机变量,它的分布不依赖于 t。另外,把它的条件累积分布函数表示为 $F_B(b\mid p)$,得到 $F_B(b\mid p_1)\leqslant F_B(b\mid p_2)$,如果 $p_1\geqslant p_2$。最后,$F_B(b\mid p)$ 相对于 p 是可微的。

函数 J^* 的后状态值可以从值迭代算法式(5-13)中理论推导出来。引理5.1的结果为分析条件期望运算 $\mathbb{E}[\cdot\mid p]$(定义于式(5-13))提供了一个工具。通过适用引理5.1,定理5.1通过式(5-13)分析了 J^* 的结构。

定理5.1 函数 J^* 的后状态值是一个可微的非递减函数,与电池电量 p 有关。

注意:π^* 可以通过 J^* 确定,如式(5-11)所示。所以定理5.1可以用来分析 π^* 的结构,如定理5.2所定义。

定理5.2 最优策略 π^* 具有以下结构

$$\pi^*([b,h,d])=\begin{cases}1, & b\geqslant h,d\geqslant J^*(b)-J^*(b-h)\\0, & \text{其他}\end{cases} \tag{5-14}$$

证明:从式(5-11)可知 $\pi^*([b,h,d])=1$,相当于

$$1(b\geqslant h)\cdot d+J^*((b-h)^+)\geqslant J^*(b) \tag{5-15}$$

此外,式(5-15)要求 $b\geqslant h$,因为除非有 $J^*(0)>J^*(b)$,否则不能成立,因为 J^*

是非递减的。因此,式(5-15)相当于 $b \geqslant h$ 且 $d \geqslant J^*(b)-J^*(b-h)$。

推论5.1 最佳策略 π^* 是基于阈值的,相对于 d 和 $-h$ 不递减。具体来说,给定任何 b 和 h,如果 $\pi^*([b,h,d_1])=1$,则对于任何 $d_2 \geqslant d_1$,有 $\pi^*([b,h,d_2])=1$;给定任何 b 和 d,如果 $\pi^*([b,h_1,d])=1$,那么对于任何 $h_2 \leqslant h_1$,有 $\pi^*([b,h_2,d])=1$。

证明:根据定理5.2,$\pi^*([b,h,d_1])=1$ 表示 $h \leqslant b$ 且 $d_1 \geqslant J^*(b)-J^*(b-h)$。因此,得到 $d_2 > J^*(b)-J^*(b-h)$ 适用任何 $d_2 \geqslant d_1$,这意味着 $\pi^*([b,h,d_2])=1$。

同样,$\pi([b,h_1,d])=1$ 表示 $h_1 \leqslant b, d > J^*(b)-J^*(b-h_1)$。因为 J^* 是非递减的,得到 $h_2 \leqslant b$ 且 $d > J^*(b)-J^*(b-h_2)$ 适用于任何 $h_2 \leqslant h_1$,这意味着 $\pi^*([b,h_2,d])=1$。

推论5.1指出,对于给定的电池电量,如果数据优先级和信道质量超过特定阈值,则最佳策略是发送。

4. J^* 和 π^* 的举例

J^* 和 π^* 的示意图如图5-2所示。其中,$J^*(p)$ 是图5-2(a)所示的函数,它是非减的、可微的(定理5.1)。基于 $J^*(p)$,确定最优策略 $\pi^*([b,h,d])$ 基于式(5-11)。由定理5.2可知,在空间 (h,d) 给定电池等级 b,由曲线 $d=J^*(b)-J^*(b-h)$ 和线 $h=b$ 组成的判定边界将 (h,d) 空间划分为两个子空间:在边界左上角的子空间中,判定为 $\pi^*([b,h,d])=1$;在边界右下方的子空间中,判定为 $\pi^*([b,h,d])=0$。在图5-2(b)中,分别展示了 $b=0.4$ 和 $b=0.6$ 的决策边界。很容易看出,$\pi^*([0.4,h,d])$ 和 $\pi^*([0.6,h,d])$ 是基于阈值的,相对于 d 和 $-h$ 不递减,如推论5.1证明。然而,阈值结构在尺寸 b 中不成立。如图5-2(b)所示,有一个面积 (h,d) 其中 $a=1$ 选择用 $\pi^*([0.4,h,d])$,但是 $a=0$ 选择用 $\pi^*([0.6,h,d])$。

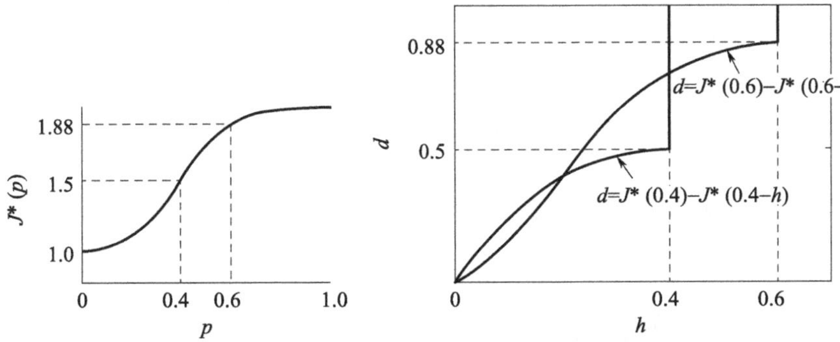

(a) J^*的例子　(b) π^*在b=0.4和b=0.6的决策边界

图5-2 后状态价值函数和最优策略的例子

5.2.3 基于神经网络的最优控制

5.2.2 节说明 π^* 可以用 J^* 有效地构造，反过来又可以用值迭代算法式(5－13)求解。然而，更新式(5－13)的实现具有挑战性。首先，由于 PDF$f_E(\cdot)$、$f_D(\cdot)$和$f_B(\cdot\mid p)$不可用，无法计算$\mathbb{E}[\cdot\mid p]$。其次，因为后状态p是在[0,1]上的连续变量，所以更新式(5－13)的每次迭代都必须计算多个p值。

强化学习为近似解决这两个难题提供了一个有用的解决方案。具体来说，强化学习不是精确地求解J^*，而是通过学习参数向量(即一组真实值)并利用数据样本(而不是潜在的分布)来逼近J^*学习过程。

换句话说，强化学习算法的设计包括：

(1)参数化：根据给定的参数向量$\boldsymbol{\theta}$决定如何确定参数函数$\hat{J}(p\mid\boldsymbol{\theta})$。

(2)参数学习：给定一批数据样本，学习一个参数向量$\boldsymbol{\theta}^*$，用$\hat{J}(p\mid\boldsymbol{\theta}^*)$逼近$J^*$。

通过学习$\boldsymbol{\theta}^*$，可以将传输策略构建为

$$\hat{\pi}(s\mid\boldsymbol{\theta}^*)=\underset{a}{\operatorname{argmax}}\{r(s,a)+\hat{J}(\varrho(s,a)\mid\boldsymbol{\theta}^*)\}\tag{5－16}$$

比较式(5－16)和式(5－11)，可以看到，如果$\hat{J}(p\mid\boldsymbol{\theta}^*)$很好地逼近$J^*(p)$，那么$\hat{\pi}(s\mid\boldsymbol{\theta}^*)$的性能就接近于$\pi^*(s)$的性能(参考文献[85]提供了严密的陈述)。

本节讨论了一种强化学习算法，该算法利用单调神经网络(Monotonic Neural Network，MNN)[86]进行参数化(5.2.3 节)，并通过迭代执行最小二乘回归来学习相关的参数向量。在 5.2.3 节中，学习的参数向量用于数据传输控制。

1. 单调神经网络逼近

函数参数化能够提供足够的表示能力，即可以找到一个参数向量$\boldsymbol{\theta}$使得$\hat{J}(p\mid\boldsymbol{\theta})$接近$J^*(p)$。ANN[87](见附录)似乎是一个很好的选择，因为通用近似定理[88]指出，三层人工神经网络能够以任意精度近似连续函数。

根据定理 5.1，可知J^*是非递减的，而(经典)人工神经网络包括所有类型的连续函数(不一定非递减)。这将使参数的学习效率低下，因为学习算法需要在更大的函数空间中搜索。

基于这个动机，建议使用 MNN[86]进行参数化。在数学上，具有 MNN 的参数化函数$\hat{J}(p\mid\boldsymbol{\theta})$表示为

$$\hat{J}(p\mid\boldsymbol{\theta})=\left(\sum_{i=1}^{N}u_i^2\sigma_H(w_i^2p+\alpha_i)\right)+\beta\tag{5－17}$$

带参数向量

$$\boldsymbol{\theta}=[w_1,w_2,\cdots,w_N,\alpha_1,\alpha_2,\cdots,\alpha_N,u_1,u_2,\cdots,u_N,\beta]$$

和函数 $\sigma_H(x)=1/(1+e^{-x})$。

函数 $\hat{J}(p\mid\boldsymbol{\theta})$(定义于式(5－17))如图5－3所示。它实际上是一个三层单输入单输出人工神经网络。具体来说,有一个输入层只有一个节点,其输出代表后状态 p 的值。此外,还有一个隐藏层有 N 个节点。第 i 个节点的输入是加权后状态值 $w_i^2\cdot p$ 和隐藏层偏差 α_i 之和。

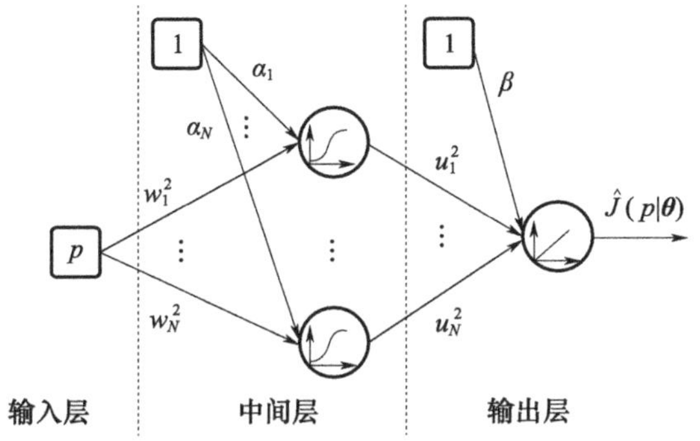

图5－3 单调神经网络

每个中间层节点的输入输出关系由 $\sigma_H(\cdot)$ 确定。最后,输出层有一个节点,其输出代表最终的近似函数值 $\hat{J}(p\mid\boldsymbol{\theta})$。它的输入是隐藏层加权输出和输出层偏置 β 的总和。输出层节点的输出等于其输入。

请注意,MNN 和经典人工神经网络之间的关键区别是权重的符号。MNN 具有非负权重,这对于经典神经网络是不必要的。但是 MNN 保证了 $\hat{J}(p\mid\boldsymbol{\theta})$ 是一个非减函数,这在定理5.3中得到了证明。

定理5.3 对于任何参数 θ,$\hat{J}(p\mid\boldsymbol{\theta})$ 都是一个可微的非减函数。

证明:通过求导法则可以得到 $\frac{\mathrm{d}}{\mathrm{d}p}\hat{J}(p\mid\boldsymbol{\theta})=\sum_{i=1}^{N}u_i^2\cdot w_i^2\cdot\sigma_H(w_i^2p+\alpha_i)\cdot(1-\sigma_H(w_i^2p+\alpha_i))$,因此可以得到 $\frac{\mathrm{d}}{\mathrm{d}p}\hat{J}(p\mid\boldsymbol{\theta})\geqslant 0$。

此外,由参考文献[86]可得定理5.4,其说明了所提出的 MNN 具有足够的能力来表示任何连续和非递减的函数。因此,通过优化参数向量 θ,$\hat{J}(p\mid\boldsymbol{\theta})$ 能够以任意精度逼近 $J^*(p)$。

定理5.4 对于任何连续的非减函数 $J:[0,1]\mapsto\mathcal{R}$,存在一个带有 N 个节点,参数向量为 $\boldsymbol{\theta}$,使得 $J(p)-\hat{J}(p\mid\boldsymbol{\theta})\leqslant\epsilon$,其适用任何 $p\in[0,1]$ 以及 $\epsilon\geqslant 0$。

2. 迭代训练 MNN

拟合值迭代(fitted value iteration)[89]是一种先进的学习方法,特别适用于训练神经网络进行最优控制。在处理复杂神经网络(具有多个隐藏层)时,它被冠以深度强化学习的名称[64,90]。本小节开发了一个算法,称为 FMNN 算法(单调神经网络的值迭代),通过将确定的值迭代方法缝合到问题中。FMNN 通过利用一批数据样本训练一个 MNN 来逼近 $J^*(p)$。下面首先指定所需的数据,其次介绍训练过程。

1)收集训练数据

FMNN 需要的训练数据是一批样本 $\mathcal{F}=\{(p_m,s_m=[b_m,h_m,d_m])\}_{m=0}^{M-1}$,其中 $b_m\sim f_B(\cdot\mid p_m),h_m\sim f_H(\cdot),d_m\sim f_D(\cdot)$。下面提供两种收集 $\mathcal{F}$ 的可能方法。

假设有一个模拟器能够生成随机变量 c_t、e_t、h_t 和 d_t,得到分别服从 PDF$f_C(\cdot)$、$f_E(\cdot)$、$f_H(\cdot)$ 和 $f_D(\cdot)$ 的数据样本。在这种情况下,首先通过在[0,1]均匀采样来获得$\{p_m\}_m$。其次,对于给定的 p_m,对这些随机变量进行采样,得到实现(c,e,h,d)。通过这些实现,可以通过设置 $s_m=[((p_m+e)^- -c)^+,h,d]$来获得有效的数据样本$(p_m,s_m)$。最后,通过对所有 p_m 重复该过程来构造 $\mathcal{F}$。

当这样的模拟器不可用时,可以通过与环境的物理交互来构建 $\mathcal{F}$。具体来说,可以运行某个采样策略 $\pi_S(s)$(如贪婪策略,即如果能量充足,总是选择发送)。首先在 $\pi_S(s)$ 的执行过程中,可以观察到一个随机变量的样本路径$(\cdots,s_{t-1}=[b_{t-1},h_{t-1},d_{t-1}],p_{t-1}=\mathcal{Q}(s_{t-1},\pi_S(s_{t-1})),s_t=[b_t,h_t,d_t],p_t=\mathcal{Q}(s_t,\pi_S(s_t)\cdots)$。其次,通过设置 $p_m=p_{t-1}$ 以及 $s_m=[b_t,h_t,d_t]$,能够收集有效样本(p_m,s_m)。最后,$\mathcal{F}$ 通过 t 从 0 到 M 的扫描构造。

2)迭代拟合 MNN

FMNN 是利用 $\mathcal{F}$ 来训练 MNN 以逼近 $J^*(p)$,其训练过程模仿式(5-13)的迭代计算方案来实现。

具体来说,类似于迭代公式(5-13),FMNN 迭代工作。在第 k 次迭代中,假设当前 MNN 参数向量是 $\boldsymbol{\theta}_k$,它定义了函数 $\hat{J}(p\mid\boldsymbol{\theta}_k)$ 具有式(5-13)。根据该式的建议,给定当前值函数 $J_k(p)=\hat{J}(p\mid\boldsymbol{\theta}_k)$,更新后的值函数应为

$$J_{k+1}(p)=\gamma\cdot\mathbb{E}[\max_a\{r(s',a)+\hat{J}(\mathcal{Q}(s',a)\mid\boldsymbol{\theta}_k)\}\mid p] \tag{5-18}$$

因此,希望更新 MNN 的参数,以获得一个新的函数 $J(p\mid\boldsymbol{\theta}_{k+1})$,使其接近于 $J_{k+1}(p)$。

具体地,从 $\mathcal{F}$ 和 $\boldsymbol{\theta}_k$ 构造一批数据

$$\mathcal{T}_k=\{(p_m,o_m)\}_{m=0}^{M-1} \tag{5-19}$$

式中:

$$o_m=\gamma\cdot\max_a\{r(s_m,a)+\hat{J}(\mathcal{Q}(s_m,a)\mid\boldsymbol{\theta}_k)\} \tag{5-20}$$

请注意，通过比较式(5－20)和式(5－18)，o_m 可以视为 $J_{k+1}(p_m)$ 的噪声实现。换句话说，给定 p_m 作为输入值，o_m 定义相应的 J_{k+1} 输出(加上一定的噪声)。本节可以得到一个接近 $J_{k+1}(p)$ 的函数，通过训练 MNN 来确定 $\mathcal{T}_k$ 中包含的(噪声)输入输出模式实现。

特别是给定 $\mathcal{T}_k$，MNN 参数更新为

$$\boldsymbol{\theta}_{k+1}=\arg\min_{\theta}\{\mathcal{L}(\boldsymbol{\theta}\mid\mathcal{T}_k)\} \tag{5-21}$$

式中：

$$L(\boldsymbol{\theta}\mid\mathcal{T}_k)=\frac{1}{2M}\sum_{m=0}^{M-1}(\hat{J}(p_m\mid\boldsymbol{\theta})-o_m)^2 \tag{5-22}$$

式(5－21)的求解在之前已讨论。也就是说，更新后的函数 $\hat{J}(p\mid\boldsymbol{\theta}_{k+1})$ 的输出最小化了关于数据集 $\mathcal{T}_k$ 的平方误差，即最小二乘回归。给定足够大的 M，这个回归过程可以有效地平均数据的随机性。因此，合理的任务 $J_{k+1}(p)$ 和 $\hat{J}(p\mid\boldsymbol{\theta}_{k+1})$ 之间的近似误差应该很小。

本节首先从 $\boldsymbol{\theta}_{k+1}$ 和 $\mathcal{F}$ 生成 $\mathcal{T}_{k+1}$(类似于式(5－19))；然后将 MNN 函数设置为 $\mathcal{T}_{k+1}$，进一步得到 $\boldsymbol{\theta}_{k+2}$(类似于式(5－21))。通过重复该过程，进行持续迭代计算。最终学习函数 $\hat{J}(p\mid\boldsymbol{\theta}_K)$ 在经过足够大的 K 次迭代后，接近的 $J^*(p)$ 具备足够大的 K。作为说明，图 5－4 显示了 FMNN 执行期间的第 1 次、第 2 次和第 20 次。总结以上概念，FMNN 算法在算法 5.1 中给出。

算法 5.1 FMNN：近似 $J^*(p)$

Require：数据样本 $\mathcal{F}=\{(p_m,s_m)\}_{m=0}^{M-1}$

Ensure：学习到的 MNN$\hat{J}(p\mid\boldsymbol{\theta}_K)$

1：**procedure**
2：　随机初始化参数 $\boldsymbol{\theta}_0$
3：　**for** k 从 0 到 $K-1$ **do**
4：　　**for** m 从 0 到 $M-1$ **do**
5：　　　取(p_m,s_m)作为第 m 个元素 $\mathcal{F}$
6：　　　根据式(5－20)，从 $\boldsymbol{\theta}_k$ 和 s_m 中计算 o_m
7：　　　收集 $\mathcal{T}_k(m)=(p_m,o_m)$
8：　　**end for**
9：　　回归：$\boldsymbol{\theta}_{k+1}=\text{Fit}(\mathcal{T}_k,\boldsymbol{\theta}_k)$(算法 5.2)
10：　**endfor**
11：　由式(5－17)学习到 MNN 的 $\boldsymbol{\theta}=\boldsymbol{\theta}_K$
12：**end procedure**

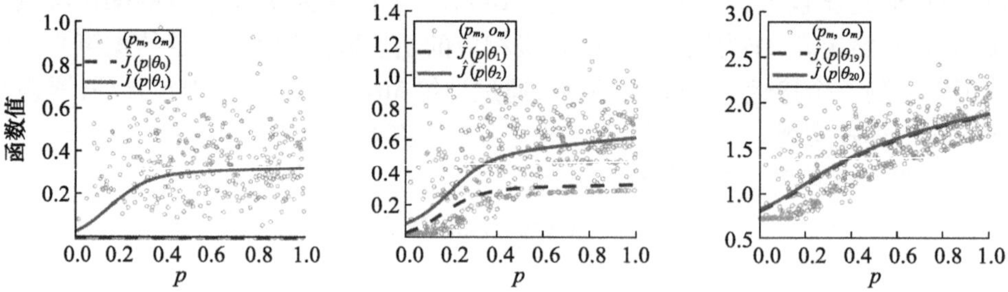

(a) 第1次迭代　(b) 第2次迭代　(c) 第20次迭代

图 5-4　FMNN 运行示例图，$|\mathcal{F}|=500$

3）基于梯度下降的 MNN 训练

本小节将梯度下降应用于求解式（5-21）中的参数 $\boldsymbol{\theta}_{k+1}$，使得所表示的函数 $\hat{J}(p\mid\boldsymbol{\theta}_{k+1})$ 在最小平方误差意义上符合输入输出模式 $\mathcal{T}_k$。

梯度下降通过迭代搜索参数空间来工作。将 $\boldsymbol{\theta}^{(0)}$ 表示为初始搜索点，可直观地设置为当前 MNN 参数 $\boldsymbol{\theta}_k$。通过梯度下降，参数搜索公式如下：

$$\boldsymbol{\theta}^{(l+1)}=\boldsymbol{\theta}^{(l)}-\xi^{(l)}\cdot\nabla L(\boldsymbol{\theta}^{(l)}) \tag{5-23}$$

式中：$\xi^{(l)}$ 为更新步长；$\nabla L(\boldsymbol{\theta}^{(l)})$ 为 $\mathcal{L}$（定义于式（5-22））在 $\boldsymbol{\theta}^{(l)}$ 处的梯度。给定适当减小的 $\xi^{(l)}$ 和足够的迭代次数 L，设置 $\boldsymbol{\theta}_{k+1}=\boldsymbol{\theta}^{(L)}$，它被认为是式（5-21）的近似解。

最后得到 $\nabla\mathcal{L}(\boldsymbol{\theta})$。当 $\mathcal{T}_k=\{(p_m,o_m)\}_{m=0}^{M-1}$ 时，$\mathcal{L}$ 的偏导数计算为

$$\frac{\partial\mathcal{L}}{\partial\beta}=\frac{1}{M}\sum_{m=0}^{M-1}\epsilon_m \tag{5-24}$$

$$\frac{\partial\mathcal{L}}{\partial u_i}=\frac{1}{M}\sum_{m=0}^{M-1}(\varepsilon_m\times 2u_i\cdot\sigma_H(w_i^2\cdot p_m+\alpha_i)) \tag{5-25}$$

$$\frac{\partial\mathcal{L}}{\partial\alpha_i}=\frac{1}{M}\sum_{m=0}^{M-1}(\epsilon_m\cdot u_i^2\cdot\sigma_H(w_i^2\cdot p_m+\alpha_i)\times(1-\sigma_H(w_i^2\cdot p_m+\alpha_i))) \tag{5-26}$$

$$\frac{\partial\mathcal{L}}{\partial w_i}=\frac{1}{M}\sum_{m=0}^{M-1}(\epsilon_m\cdot u_i^2\cdot\sigma_H(w_i^2\cdot p_m+\alpha_i)\times(1-\sigma_H(w_i^2\cdot p_m+\alpha_i))\times 2w_i\cdot p_m) \tag{5-27}$$

式中：

$$\epsilon_m=\hat{J}(p_m\mid\boldsymbol{\theta})-o_m \tag{5-28}$$

因此，$\mathcal{L}$ 的梯度为

$$\nabla L(\boldsymbol{\theta})=\left[\frac{\partial\mathcal{L}}{\partial w_1},\cdots,\frac{\partial\mathcal{L}}{\partial w_N},\frac{\partial\mathcal{L}}{\partial\alpha_1},\cdots,\frac{\partial\mathcal{L}}{\partial\alpha_N},\frac{\partial\mathcal{L}}{\partial u_1},\cdots,\frac{\partial\mathcal{L}}{\partial u_N},\frac{\partial\mathcal{L}}{\partial\beta}\right] \tag{5-29}$$

总结以上结果,本节提供了算法 5.2,它作为 FMNN 的内部循环,用于训练 MNN 来验证数据集 $\mathcal{T}_k$。

算法 5.2 FMNN 的内循环:学习输入 - 输出模式

Require:输入输出模式 $\mathcal{T}_k$,初始搜索点 $\boldsymbol{\theta}_k$
Ensure:训练得到的参数 $\boldsymbol{\theta}_{k+1}$
procedure
  $\boldsymbol{\theta}^{(0)} = \boldsymbol{\theta}_k$
  for l from 0 to $L-1$ **do**
    基于 $\mathcal{T}_k$,用式(5-24)~式(5-27)计算 $\nabla\mathcal{L}(\boldsymbol{\theta}^{(l)})$
    通过式(5-23),用 $\boldsymbol{\theta}^{(l)}$ 和 $\nabla\mathcal{L}(\boldsymbol{\theta}^{(l)})$ 获得 $\boldsymbol{\theta}^{(l+1)}$
  end for
  $\boldsymbol{\theta}_{k+1} = \boldsymbol{\theta}^{(L)}$
end procedure

3. 将学到的 MNN 应用于接入控制

利用生成的参数 $\boldsymbol{\theta}_K$,由式(5-16)通过设置 $\boldsymbol{\theta}^* = \boldsymbol{\theta}_K$ 来构造 $\hat{\pi}(\cdot \mid \boldsymbol{\theta}_K)$。对于大的 N、M 和 K,$\hat{\pi}(s \mid \boldsymbol{\theta}_K)$(定义于式(5-16))应该接近 $\pi^*(s)$[91],并且可以应用于选择性传输控制,这在算法 5.3 中给出。

算法 5.3 基于学习到的 MNN 的传输控制策略

Require:学习到的 MNN$\hat{J}(\cdot \mid \boldsymbol{\theta}_K)$
procedure
  for t 从 0 至 ∞ **do**
    数据包到达,节点结束周期 t 的静默期
    解码数据包并评估其优先级 d_t
    探测 CSI 并估计所需的发射能量 h_t
    确定电池 b_t 中的当前剩余能量
    构造状态 $s_t = [b_t, h_t, d_t]$
    计算后状态 $p_0 = \varrho(s_t, 0)$ 和 $p_1 = \varrho(s_t, 1)$
    用经过训练的 MNN 作为 $J_0 = \hat{J}(p_0 \mid \boldsymbol{\theta}_K)$ 和 $J_1 = \hat{J}(p_1 \mid \boldsymbol{\theta}_K)$ 来评估后状态值
    if $J_0 > J_1 + 1(b_t \geqslant h_t) \cdot d_t$ **then** 见式(5-16)
      丢弃数据包
    else
      用能量 h_t 发送数据包
    end if
    电池由收集的能量 e_t 补充
    进入周期 $t+1$ 的静默期
  end for
end procedure

5.2.4 仿真结果

本节将通过数值模拟研究所提议的 FMNN 的学习特征和所学习的策略性能,研究 FMNN 的学习效率,展示所学策略的性能。

1. 模拟设置

本小节将无线信道建模为瑞利衰落,这是无线研究中最常见的模型。它对于高度密集的城市环境中的信号传播尤其准确。由信道功率增益 z_t 得到概率密度函数 PDF$f_Z(x)=\frac{1}{\mu_Z}\mathrm{e}^{-x/\mu_Z}, x\geqslant 0$,其中 μ_Z 代表 z_t 的平均值。

假设从风力中获取能量,这可以用威布尔(Weibull)分布很好地描述[92]。因此,本小节将 e_t 建模 PDF 为 $f_E(x)=\frac{k_E}{\lambda_E}\left(\frac{x}{\lambda_E}\right)^{k_E-1}\mathrm{e}^{-\left(\frac{x}{\lambda_E}\right)^{k_E-1}}, x\geqslant 0$,形状参数(shape parameter)为 $k_E=1.2$,比例参数(scale parameter)为 $\lambda_E=0.15/\Gamma(1+1/k_E)$。其中 $\Gamma(\cdot)$表示伽马函数,μ_E 表示 e_t 的均值。

此外,在静默期、数据接收和信道估计的总能耗 c_t 可以建模为一个伽马函数 PDF$f_C(x)=(\Gamma(k_C)\theta_C^{k_C})^{-1}x^{k_C-1}\mathrm{e}^{-\frac{x}{\theta_C}}, x>0$,其形状参数 $k_C=10$,比例参数$\theta_C=0.02/k_C$。形状参数和比例参数的组合意味着 $c_t=0.02$。

此外,数据优先级 d_t 的模型取决于具体的实际应用。本小节假设 d_t 是指数分布的,即$f_D(d)=\mathrm{e}^{-d}, d\geqslant 0$,这在参考文献[93 - 94]中也有考虑。这种假设是合理的,因为对于许多应用,如系统监控,指示关键事件的高优先级数据包应该以小概率发生,而大多数数据包应该具有低优先级。

最后,MNN 的隐藏节点数 N 设置为 3。FMNN 是在数据样本大小为$|\mathcal{F}|=M=500$,迭代次数为 $K=20$ 的情况下执行的。

2. 学习策略 π^* 的样本效率

为了评估 FMNN 的学习效率,本小节使用样本效率,它评估在算法可以学习(接近)最优策略之前需要处理的数据样本量。样本效率是算法训练能力和自适应性的良好代表。接下来评估 FMNN 的样本效率和两个备选方案的样本效率,即 FNN(使用经典神经网络的固定值迭代)和 Online - DIS(使用后状态空间离散化的在线学习),其构建如下。

1)FNN 和 Online - DIS

除了用三层经典神经网络(无非负权值约束)代替神经网络和修改算法 5.2 中神经网络的梯度下降法 NN 与 FMNN 基本相同。因此,FNN 没有利用 J^* 的单调性,学习效率预期低于 FMNN。

Online - DIS 算法是通过将众所周知的 Q - learning 算法[95]应用到本书的问题中来开发的(参考文献[94]中也选择了 Q - learning 算法)。Online - DIS 采用离散化参数化和在线学习方案学习相关参数。具体来说,Online - DIS 将后状态空间离散为 $\overline{N}$ 个簇,分别与 $\overline{N}$ 个参数相关联。第 n 个参数更表示 $J^*(p)$ 的“聚合”函数值的后状态 p 落入第 n 个簇。这些参数是通过不断更新每个可用样本的参数来学习的。为了适当地平均数据样本的随机性,更新步长需要足够小[95]。因此,学习通常进展相当缓慢,并且需要大量的数据样本。

2)样本效率比较

FNN 的环境和 FMNN 一样。对于 Online - DIS,簇的数量 $\overline{N}$ 设置为 20。为了研究学习效率,在使用一定数量的数据样本后评估学习策略的性能。结果用对数标度示于图 5 - 5。请注意,FMNN 和 FNN 的每次迭代消耗 500 个数据样本,图 5 - 5 显示了前 20 次迭代的学习进度。

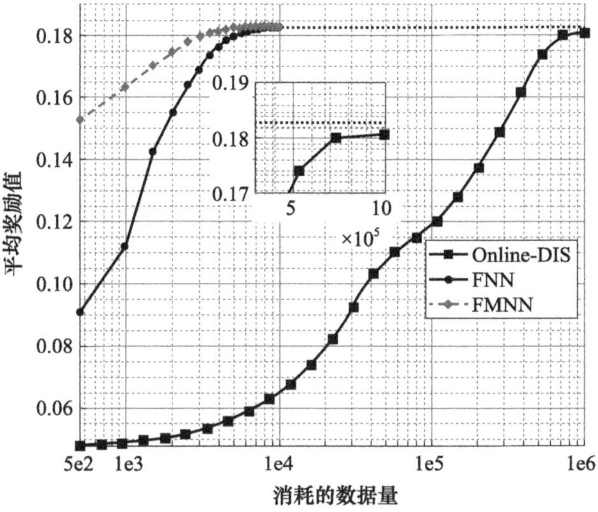

图 5 - 5 学习曲线

首先,FMNN 和 FNN 的效率是 Online - DIS 的 100 倍。出现这种明显的差异是因为 FMNN 和 FNN 直接训练 ANN 人工神经网络通过回归来确定数据样本,而 Online - DIS 必须通过小步长逐步平均随机性。

其次,FMNN 比 FNN 学习得快得多。因为 FMNN 利用了 J^* 的非递减性质,它可以用较少的迭代学习一个相当好的策略。

最后,在处理足够的数据样本后,三条学习曲线都收敛。FMNN 和 FNN 都收敛到相同的值,而 Online - DIS 收敛到稍低的水平。原因是 FMNN 和 FNN 都能表示一个连续的非递减函数。因此,其学习的策略取得了相同的性能。但 Online - DIS 所代表的函数是分段常数(图 5 - 6),不连续会造成一定的性能损失。

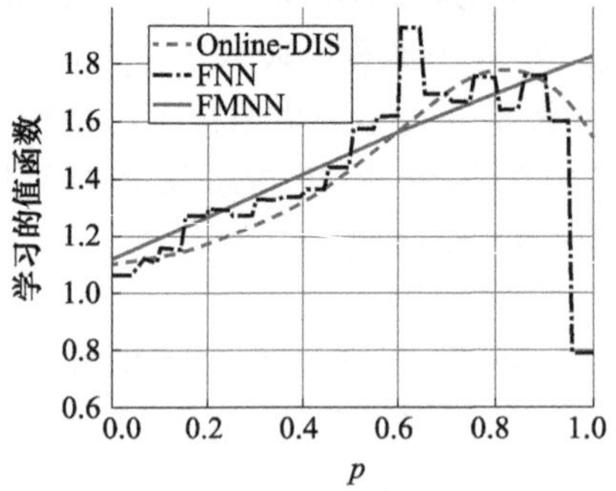

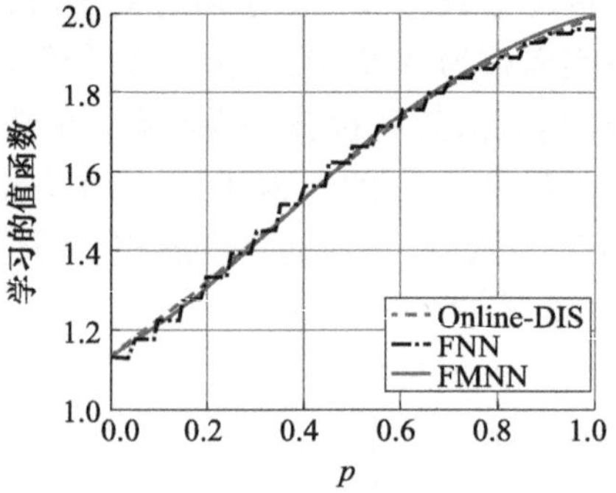

图 5－6　学习到的值函数

上述分析如图 5－6（a）显示，在处理 1.5×10^3 个样本(3 次迭代)后，FMNN 学习了一个好的值函数，它相当接近于在消耗10^4 个样本(20 次迭代)后学习的函数，如图 5－6（b）所示。FNN 在处理 1.5×10^3 个样本后学习到的函数没有捕捉到 J^* 的非递减结构。这一事实表明，与 FMNN 相比，FNN 的样本效率较低。然而，它的最终学习功能收敛到 FMNN，这提供了与 FMNN 相同的限制性能。最后，可以注意到，在 1.5×10^5 个数据样本的情况下，由于数据样本的随机性没有平均化，因此 Online－DIS 的函数是有限的。给定 10^6 个数据样本和逐渐减小的步长，Online－DIS 通过适当的平均噪声，并学习一个非递减函数来满足 J^* 要求。然而，由于后状态空间离散化的性质，所学习的函数是分段常数，其不连续性导致所得到策略的轻微性能损失。

3．所学策略的性能

策略 $\hat{\pi}(s \mid \boldsymbol{\theta}_K)$的参数 θ_k 可以由定义于算法 5.3 的 FMNN 通过公式(5－16)学习得到。开发的策略 $\hat{\pi}(s \mid \boldsymbol{\theta}_K)$与参考文献[93－99]中提出的策略之间的主要区别在于：参考文献[93－99]的策略基于可用能量 b_t 和数据包优先级 d_t 做出决策，而 $\hat{\pi}(s \mid \boldsymbol{\theta}_K)$进一步利用了 CSI$h_t$。为了研究利用 CSI 的性能增益，本小节比较了 $\hat{\pi}(s \mid \boldsymbol{\theta}_K)$，命名为 DecBDH（即基于 b_t、d_t 和 h_t 的决策）和参考文献[94]中考虑的策略，命名为 DecBD（即基于 b_t 和 d_t 的决策）。它首先遵循参考文献[94]中的方案，根据可用能量 b_t 和数据包优先级 d_t 决定是否发送。当选择“发送”时，如果 $b_t \geqslant h_t$，节点花费能量 h_t 进行传输，否则不消耗能量丢弃数据包。

本小节还比较了一种自适应传输（AdaTx）方案，该方案总是试图在传输成功的情况下发送，即节点用能量 h_t 传输，则 $b_t \geqslant h_t$，否则丢弃没有能量消耗的数据包。

当 $\mu_E=0.15$ 时，图 5－7 显示了不同信道条件下 DecBDH、DecBD 和 AdaTx 的性能。可以看出，DecBD 的表现优于 AdaTx。原因是，通过考虑 d_t 和 b_t，DecBD 能够将更多的注意力放在高优先级数据包上，并避免在可用能量水平较低时传输。DecBDH 利用瞬时 CSI,基于信道状态以及可用能量和数据优先级做出传输决策,这使得它能够在良好的信道条件下获得更多的传输机会,从而实现比 DecBD 更高的性能。

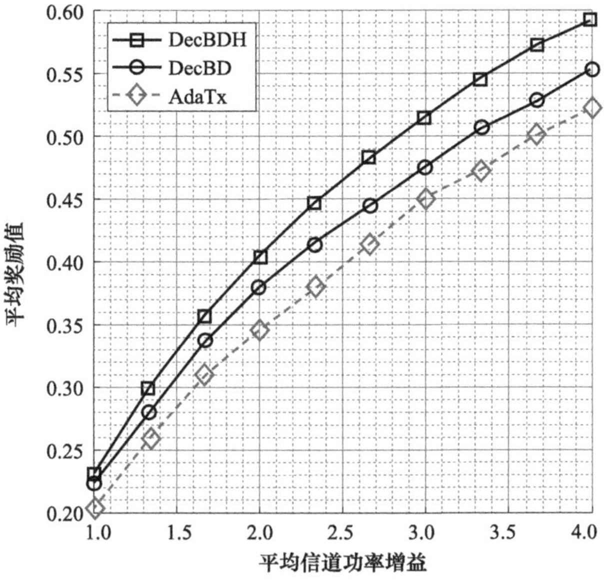

图 5 -7　在不同信道条件下实现的性能

5.3　融合感知代价考虑的频谱接入决策

本节考虑在包含频谱感知和频谱接入联合决策的问题,还考虑 SU 可以在频谱感知和信息传输过程中的能量限制。更具体的,是考虑衰落信道下的单信道能量收集(Energy Haversting)认知无线电系统。SU 基于能量状态、信道可用性和衰落状态,动态地在每个时刻决策频谱感知、信道探测和信息传输策略。

5.3.1　系统模型

(1)PU 模型:考虑单信道系统,其中运行过程可以按时隙进行划分。它可以对应于嵌入时分多址方案的系统,如无线蜂窝网络。SU 与 PU 同步,并且也以相同的时隙方式工作。信道占用率建模为马尔可夫过程(图 5 -8),该过程的适用性在实测场景中进行了验证[100]。

状态 $C=1/0$ 表示信道处于可用/占用状态。状态转移概率 p_{ij}用于表示信道从状态 $i\in\{0,1\}$ 迁移到状态 $j\in\{0,1\}$ 的概率。本节假设 SU 知道转移概率矩阵。

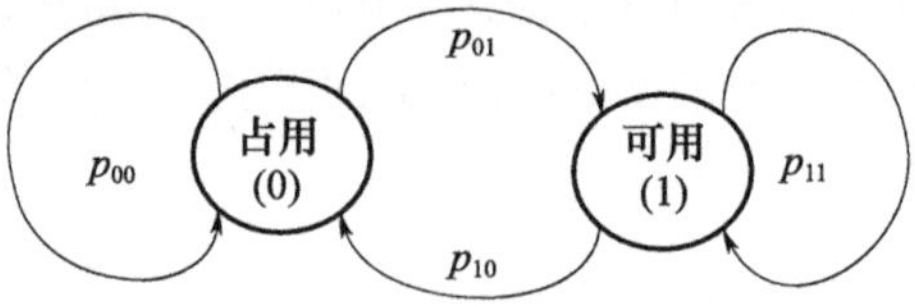

图 5-8　PU 的信道占用模型

(2)信道感知模型:能量检测器以预定的能量阈值在固定的感知持续时间 τ_S 内感知信道。感知结果 Θ 推断出真实的信道状态 C。能量检测器性能的特征在于 $p_{FA} \triangleq \Pr\{\Theta=0 \mid C=1\}$ 的虚警概率和 $p_M \triangleq \Pr\{\Theta=1 \mid C=0\}$ 的误检概率。

此外,$p_D \triangleq 1-p_M$ 和 $p_O \triangleq 1-p_{FA}$ 分别代表正确检测 PU 和检测频谱空洞的概率。实际上,p_M 必须设置得足够低,以保护主系统。例如,在针对电视频道的动态接入中,$p_M<0.1$[21]。p_{FA} 和 p_M 真实值为 SU 所知。最后,每个感知操作消耗固定数量的能量 e_S。

(3)信道状态的充分统计:因为信道很少被监控,并且可能存在感知错误,所以真实状态 C 是未知的。SU 可以做的是基于所有观察到的信息(如传感结果和其他信息)对信道的状态进行判断和相应决策。所有这些信息都可以总结为一个充分统计量,称为置信变量 $p \in [0,1]$,它代表了 SU 对信道可用性的概率估计[101]。

(4)能量收集模型:SU 可以从风能、太阳能、热电和其他能源中获取能量[102]。收获的能量在每个时隙开始时作为能量包到达。能量包 E_H 有一个概率密度函数 $f_E(x)$。在不同的时间段,E_H 是一个独立同分布的随机变量。SU 节点不知道这个 PDF。SU 配有一块最大容量为 B_{max} 的电池。电池中剩余的能量表示为 b。

(5)数据传输模式:SU 总是有数据要发送的,并且考虑使用标准的块衰落模型。SU 和接收节点之间的信道增益为 H,且其 PDF 表示为 $f_H(x)$。SU 不知道该 PDF。SU 通过从一组有限的功率电平中选择发射功率,使其传输速率适应不同信道状态。信道探测过程实现如下,并且在过程中如果 SU 感知到信道空闲,即 $\Theta=1$,其传输导频信号进行信道探测。

① 如果信道确实空闲($C=1$),该 SU 节点所对应的接收方将获得导频序列,估计信道状态信息,并通过无差错专用反馈信道将信道状态信息发送回 SU。这种接收反馈过程(Feedback,FB)被认为总是成功的(FB=1)。

② 如果信道实际被占用($C=0$),导频信号和主信号将发生冲突。这导致 CSI 估计失败,导致没有来自接收机的反馈(FB=0)。

信道探测的能量成本表示为 e_P,并假设为固定值,且无论 FB=1 还是 FB=0,探测过程的固定持续时间均为 τ_P。

(6)MAC 协议:时隙被分成感知、探测和传输子时隙(图 5-9)。在感知子时隙开始时,SU 获得能量包(在前一个时隙期间收获)。基于收集的能量 e_H,当前置信 p 和电池电量 b,SU 决定是否感知该信道。如果是,并且感知输出指示空闲信道,则 SU 决定是否探测该信道。如果是,则它将向接收机发送信道估计导频,并且接收到来自接收机的反馈,则 SU 单元获得该信道状态信息。然后,它需要决定使用的传输能量级别,从有限数量的能量级别的集合$\boldsymbol{E}_T$中获取 e_T。如果任何上述条件不能满足,SU 将在剩余时隙内保持空闲,然后在下一个时隙重复上述过程。

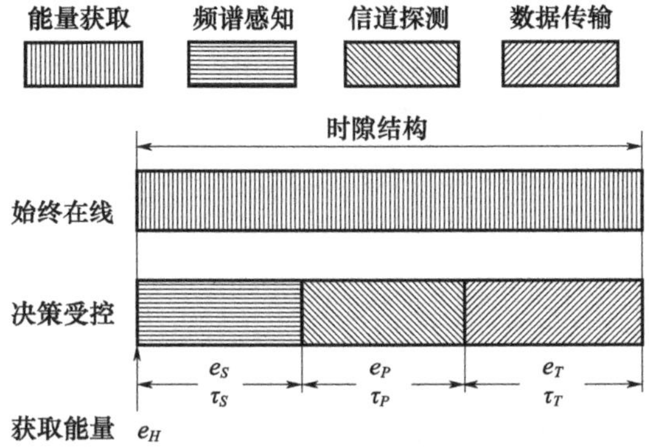

图 5-9 时隙结构

注意:为了简化表示,本书考虑单信道和连续数据流量的情况。随后介绍的最优控制方案和学习算法可推广到具有多个 PU 信道和突发数据流量的系统,这将在 5.3.2 节中讨论。

5.3.2 两阶段 MDP 公式

1. 用于 MAC 协议的有限状态机

本节将使用有限状态机(图 5-10)来阐述 5.3.1 节中介绍的 MAC 协议。

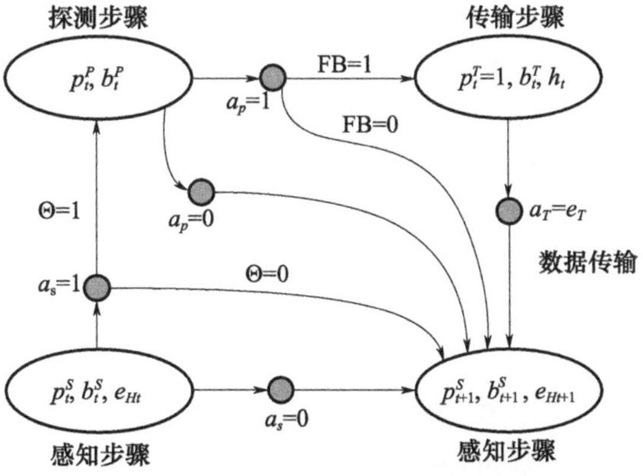

图 5-10 MAC 协议的有限状态机

(1)在时隙 t 的感知步骤中,SU 最初具有电池电平 b_t^S、置信 p_t^S 和收获的能量 e_{Ht},其需要决定是否感知。如果 SU 选择不进行感知,它将保持空闲状态,直到时隙 $t+1$ 开始,此时它的能量为 $b_{t+1}^S=\phi(b_t^S+e_{Ht})$,其中 $\phi(b)$ 定义为

$$\phi(b)\triangleq\max\{\min\{b,B_{\max}\},0\}$$

信道占用率变为 $p_{t+1}^S=\psi(p_t^S)$,其中 $\psi(p)$ 定义为

$$\psi(p)\triangleq\mathrm{Prob}\{C_{t+1}=1\mid p_t=p\}=p\cdot p_{11}+(1-p)\cdot p_{01}$$

(2)如果 SU 选择感知,它可能得到负面的感知结果($\Theta=0$),其发生概率为 $1-p_\Theta(p_t^S)$,其中 $p_\Theta(p)$ 定义为

$$p_\Theta(p)\triangleq\Pr\{\Theta=1\mid p\}=p\cdot p_O+(1-p)\cdot p_M$$

那么它将保持空闲直到时隙 $t+1$ 的开始,且可得到 $b_{t+1}^S=\phi(\phi(b_t^S+e_{Ht})-e_S)$ 和 $p_{t+1}^S=\psi(p_N(p_t^S))$,其中 $p_N(p)$ 意味着给定置信 p 和负面感知结果下的信道空闲的概率,即

$$p_N(p)\triangleq\Pr\{C=1\mid p,\Theta=0\}=\frac{p\cdot p_{\mathrm{FA}}}{p\cdot p_{\mathrm{FA}}+(1-p)\cdot p_D}$$

(3)如果 SU 选择检测,则出现正面感知结果($\Theta=1$)的概率为 $p_\Theta(p_t^S)$。然后到达探测步骤,此时电池电量为 $b_t^P=\phi(\phi(b_t^S+e_{Ht})-e_S)$,并且置信传输 $p_t^P=p_P(p_t^S)$,其中 $p_P(p)$ 是给定置信 p 和正感知结果下的信道空闲的概率,即

$$p_P(p)=\Pr\{C=1\mid p,\Theta=1\}=\frac{p\cdot p_O}{p\cdot p_O+(1-p)\cdot p_M}$$

接下来,SU 进入探测步骤。

(1)在时隙 t 的探测步骤,如果具有 (p_t^P,b_t^P) 的 SU 选择不探测,它将保持空闲直到进入时隙 $t+1$,并且电池电平保持相同的 $b_{t+1}^S=b_t^P$,并且置信变为 $p_{t+1}^S=\psi(p_t^P)$。

(2)如果 SU 选择探测,并且在发送导频后,有概率 $1-p_t^P$ 信道繁忙,这将阻止 SU 的接收端得到 FB。因此,SU 将保持空闲直到时隙 $t+1$ 的开始,并且电池为 $b_{t+1}^S=\phi(b_t^P-e_P)$,置信概率为 $p_{t+1}^S=p_{01}$。

(3)发送导频后,SU 将以概率 p_t^P 获得 FB,并观察信道增益信息,$h_t\geqslant0$。然后,SU 到达发送步骤。此时,SU 知道信道空闲,即 $p_t^T=1$,剩余能量为 $b_t^T=\phi(b_t^P-e_P)$。

最后,在时隙 t 的传输步骤,SU 决定用于传输的能量 $e_T\in\boldsymbol{E}_T$。在数据传输之后,它进入时隙 $t+1$ 的开始,电池为 $b_{t+1}^S=\phi(b_t^T-e_T)$ 且置信为 $p_{t+1}^S=p_{11}$。请注意,如果 $e_T=0$,将不会传输。

2. 两阶段 MDP

基于有限步进机,将使用 MDP 来模拟控制问题(图 5-11)。其中 s 表示"状态",a 表示"动作",MDP 通过指定 4 元组($\mathbb{S},\{\mathbb{A}(s)\}_s,f(\cdot\mid s,a),r(s,a)$),即状

态空间、不同状态下允许的动作、状态转换核函数以及与每个状态－动作对相关联的奖励，如下所述。

(1)为了减少状态空间，本节通过在感知步骤开始时联合决定这些动作，将感知和探测步骤合并到一个阶段(上标 SP)。同时，在传输步骤中，置信概率总是等于1，不需要表示。因此，状态空间$\mathbb{S}$分作两类：①感知－探测状态 $s^{SP}=[b^{SP},p^{SP},e_H]$，其中 $b^{SP}\in[0,B_{\max}]$，$p^{SP}\in[0,1]$和 $e_H\in[0,\infty)$；②传输状态 $s^T=[b^{T},h]$，$b^T\in[0,B_{\max}]$和 $h\in[0,\infty)$。

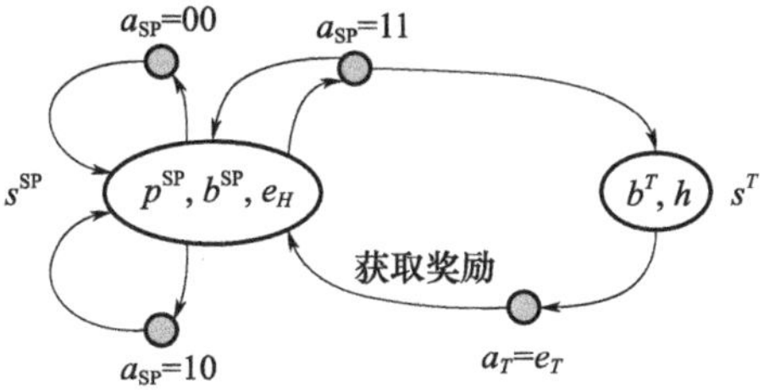

图 5－11　两阶段 MDP

(2)在感知－探测状态 s^{SP}，所有可用的动作的集合是{“不感知”，“感知但不探测”，“如果可能，感知并探测”}，即得出 $a_{SP}\in\mathbb{A}(s^{SP})=\{00,10,11\}$。这里，第一个数字代表感知决定，第二个数字代表探测决定。

如果可用能量 $\phi(b^{SP}+e_H)$小于(e_S+e_P)，则可用动作集$\mathbb{A}(s^{SP})$限定为{00,10}；如果它小于 e_S，则可得出$\mathbb{A}(s^{SP})=\{00\}$。在发射状态 s^T，可用的动作是“要使用的发射能量水平”，即 $a_T\in\mathbb{A}(s^T)=\boldsymbol{E}_T$。

(3)$f(\cdot|s,a)$是下一个状态 PDF 给定初始状态 s 和采取的行动 a 后下一个随机状态 s'的概率密度函数，即状态转移函数。令 $\delta(\cdot)$表示 Dirac delta 函数，用于泛化$f(\cdot|s,a)$中包含的离散分量，可以根据有限状态机的描述推导出状态转移函数。从 $s_t^{SP}=[p_t^{SP},b_t^{SP},e_{Ht}]$开始，可能转移到 $s_{t+1}^{SP}=[p_{t+1}^{SP},b_{t+1}^{SP},e_{Ht+1}]$或 $s_t^T=[b_t^T,h_t]$取决于选择的操作，其转移概率$f(\cdot|s_t^{SP},a_{SP})$表示于式(5－32)～式(5－35)。从传输状态 $s_t^T=[b_t^T,h_t]$，只能过渡到 $s_{t+1}^{SP}=[p_{t+1}^{SP},b_{t+1}^{SP},e_{Ht+1}]$，其转移概率$f(\cdot|s_t^T,a_T)$表示于式(5－36)。请注意，本节将$f_H(x)$和$f_E(x)$视为广义 PDF，它涵盖了 H 和 E_H 的离散或混合随机变量模型。

$$f(s_{t+1}^{SP}|s_t^{SP},a_{SP}=00)=\delta(p_{t+1}^{SP}-\psi(p_t^{SP}))\delta(b_{t+1}^{SP}-\phi(b_t^{SP}+e_{Ht}))f_E(e_{Ht+1}) \tag{5-30}$$

$$\begin{aligned}f(s_{t+1}^{SP}|s_t^{SP},a_{SP}=10)=&[(1-p_\Theta(p_t^{SP}))\delta(p_{t+1}^{SP}-\psi(p_N(p_t^{SP})))+\\&p_\Theta(p_t^{SP})\delta(p_{t+1}^{SP}-\psi(p_P(p_t^{SP})))]\times\\&\delta(b_{t+1}^{SP}-\phi(\phi(b_t^{SP}+e_{Ht})-e_S))f_E(e_{Ht+1})\end{aligned} \tag{5-31}$$

$$\begin{aligned}f(s_{t+1}^{SP}|s_t^{SP},a_{SP}=11)=&p_\Theta(p_t^{SP})(1-p_P(p_t^{SP}))\delta(p_{t+1}^{SP}-p_{01})\delta(b_{t+1}^{SP}-\phi(\phi(b_t^{SP}+e_{Ht})-e_S-e_P))\times\\&f_E(e_{Ht+1})+(1-p_\Theta(p_t^{SP}))\delta(p_{t+1}^{SP}-\psi(\mathrm{p}_N(p_t^{SP})))\delta(b_{t+1}^{SP}-\\&\phi(\phi(b_t^{SP}+e_{Ht})-e_S))f_E(e_{Ht+1})\end{aligned} \tag{5-32}$$

$$f(s_t^T|s_t^{SP},a_{SP}=11)=p_\Theta(p_t^{SP})p_P(p_t^{SP})\delta(b_t^T-\phi(\phi(b_t^{SP}+e_{Ht})-e_S-e_P))f_H(h_t) \tag{5-33}$$

$$f(s_{t+1}^{\mathrm{SP}} \mid s_t^T, a_T = e_T) = \delta(p_{t+1}^{\mathrm{SP}} - p_{11})\delta(b_{t+1}^{\mathrm{SP}} - \phi(b_t^{\mathrm{T}} - e_T))f_E(e_{Ht+1}) \quad (5-34)$$

(4)在感知－探测状态下,因为还没有发生数据传输,所以奖励被设置为0:

$$r(s_t^{\mathrm{SP}}, a^{\mathrm{SP}}) = 0 \quad (5-35)$$

在发射状态,奖励定义为由香农公式给出的数据速率,即直接的奖励定义如下:

$$r(s_t^T, a_T = e_T) = \tau_T W \log_2\left(1 + \frac{e_T h_t}{\tau_T N_0 W}\right) 1(b_t^T \geqslant e_T) \quad (5-36)$$

式中:W 为信道带宽;N_0 为热噪声密度;$1(\cdot)$为指示函数。

接下来对随机变量 H 进行技术限制,即在任何电池电量和选定的传输能量下,发送的数据量以及平方的期望是有限的,具体表征如下。

假设5.1 对于任何 $b^T \in [0, B_{\max}]$和任何 $e_T \in \boldsymbol{E}_T$,$\mathbb{E}[r(s^T, e_T)]$和$\mathbb{E}[r^2(s^T, e_T)]$存在,并且分别由 L_1 和 L_2 的一些常数有界,其中$\mathbb{E}[\cdot]$是随机变量 H 上的期望运算。

可能的模型拓展

除上述外,本小节还讨论了两阶段 MDP 模型推广到多信道和猝发数据情况的可能性。随后开发的基于后状态的控制和学习算法同样适用于这些拓展情况。

(1)多信道情况:假设 SU 能够选择多个信道中的某个信道进行感知和传输。在这种情况下,在感知－探测状态,SU 必须决定是否感知;如果是,决定感知哪个频道;如果感知到空闲信道,则决定是否进行探测。此外,不同于单信道场景中使用一个标量来表示信道可用性的置信概率,在多信道场景中应该使用一个对应的向量来表征信道的置信概率。该向量可以基于相应信道的占用模型和探测感知观测来更新[101,103]。

(2)猝发数据情况:对于猝发流量,数据流量随机到达,数据缓冲区随机流出。在这种情况下,除了传输的数据量,减少数据包溢出造成的数据包丢失也很重要。因此,可以将数据缓冲区的当前长度纳入状态,并将奖励函数式(5－31)重新定义为发送数据和(负)缓冲区长度的加权组合[104]。

3. 基于状态值函数 V^* 最优控制

令 Π 表示所有平稳的确定性策略,其表示从 $s \in \mathbb{S}$到$\mathbb{A}(s)$的映射,本节把最优控制限制在 Π 以内。对于任意 $\pi \in \Pi$,策略 π 定义函数 $V^\pi: \mathbb{S} \rightarrow \mathbb{R}$为

$$V^\pi(s) \triangleq \mathbb{E}\left[\sum_{\tau=0}^{\infty} \gamma^\tau r(s_\tau, \pi(s_\tau)) \mid s_0 = s\right] \quad (5-37)$$

其中,期望由状态转移函数式(5－32)～式(5－36)来定义。因此,通过将 γ 设置为接近1的值,$V^\pi(s)$可以(近似)解释为策略 π 在初始状态为 s 的所累积的

数据吞吐量的期望。

众所周知，$V^*(s)$是下列方程的解

$$V(s) = \max_{a \in \mathbb{A}(s)} \{r(s,a) + \gamma \mathbb{E}[V(s') \mid s,a]\} \tag{5-38}$$

其中，最优策略 $\pi^*(s)$，在所有策略 Π 中取得状态价值函数的最大值，可以构造为

$$\pi^*(s) = \underset{a \in \mathbb{A}(s)}{\operatorname{argmax}} \{r(s,a) + \gamma \mathbb{E}[V^*(s') \mid s,a]\} \tag{5-39}$$

换句话说，MDP 的最优控制问题就是确定策略 $\pi^* \in \Pi$ 以使其预期（折扣）吞吐量最大化。

虽然最优策略 $\pi^*(s)$ 可以从状态值函数 $V^*(s)$ 中得到，但是使用式(5-38)和式(5-39)来解决本节问题有两个实际困难。首先，SU 不知道 PDF 的 $f_E(x) f_H(x)$。$\max\{\cdot\}$运算位于式(5-38)的$\mathbb{E}[\cdot]$运算之外，会妨碍人们使用样本来估计 V^*①。其次，式(5-39)中的$\mathbb{E}[\cdot]$运算会阻碍人们获得最优动作，即使 V^* 已知。

此外，还有另一个理论上的困难。在 MDP 理论中，V^* 的存在性通常是从压缩映射理论建立起来的，这就要求奖励函数 $r(s,a)$ 对于所有 s 和所有 a 都是有边界的[62]。然而，这在本节的方法中并不能满足，因为本节允许信道增益 h 取所有正值，因此 r 在状态空间上是无界的。所以在这种情况下，V^* 的存在是不容易成立的。

正如本书将在 5.3.3 节中所展示的，实践和理论上的困难都可以通过将价值函数转换为后状态设置来解决。此外，这种转换通过消除对表示 E_H 和 H 过程的明确需求来降低空间复杂性。

5.3.3 基于后状态的模型变换

本节首先分析两级 MDP 的结构。其次，根据状态后值函数 J^* 重新表述了最优控制。最后，给出 J^* 的解及其与状态值函数 V^*。

1. MDP 的结构

首先，定义两阶段 MDP 的 4 元组$(\mathbb{S},(\mathbb{A}(s))_s, f(\cdot \mid s,a), r(s,a))$的结构性质如下。

---

① 这个困难可以用一个更简单的任务来说明。给定的 V^1 和 V^2 是两个随机变量，假设我们希望估计为 $\max\{\mathbb{E}[V^1],\mathbb{E}[V^2]\}$。而我们只能观察到一批样本$\{\max\{v_i^1,v_i^2\}\}_{i=1}^L$，其中 v_i^1 和 v_i^2 分别是 V^1 和 V^2 的实现。然而，观察到的信息的简单样本平均值无法提供 $\max\{\mathbb{E}[V^1],\mathbb{E}[V^2]\}$ 的无偏估计，因为 $\lim_{L\to\infty} \frac{1}{L}\sum_{i=0}^{L} \max\{v_i^1,v_i^2\} \geqslant \max\{\mathbb{E}[V^1],\mathbb{E}[V^2]\}$。

(1)将每个状态分为内源性和外源性成分。具体来说,对于感知-探测状态 s^{SP},内源性和外源性分量分别是 $d^{SP}=[p^{SP},b^{SP}]$ 和 $x^{SP}=\{e_H\}$。所有可能的 d^{SP} 和 x^{SP} 分别定义为 $\mathbb{D}^{SP}$ 和 $\mathbb{X}^{SP}$。

类似地,对于传输状态 s^T,外源性和外源性分量分别为 $d^T=\{b^T\}$ 和 $x^T=\{h\}$。所有可能的 d^T 和 x^T 分别是 $\mathbb{D}^T$ 和 $\mathbb{X}^T$。

令 $d\in\mathbb{D}=\mathbb{D}^{SP}\cup\mathbb{D}^T$ 和 $x\in\mathbb{X}=\mathbb{X}^{SP}\cup\mathbb{X}^T$。

(2)每个状态的可用动作 $\mathbb{A}(s)$ 数量有限。

(3)检查状态转换核函数式(5-32)~式(5-36),可以看到,给定状态 $s=[d,x]$ 和动作 $a\in\mathbb{A}(s)$,转移到下一个状态 $s'=[d',x']$ 具有以下属性。

① d' 的随机模型是完全已知的。具体来说,对于在状态 $s=[d,x]$ 采取的给定动作 a,有 $\mathcal{N}(a)$ 种可能的情况。每种情况具体取决于采取动作后的感知观察,即可能导致 $\mathcal{N}(a)$ 种 d' 可能取值。其中,第 i 种情况下,发生概率为 $p_i(d,a)$,d' 的值取表示为 $\mathcal{Q}_i(s,a)$。函数 $\mathcal{N}$、$\mathcal{Q}_i$ 和 p_i 是已知的,并针对不同的 d、x、a 和观测值列在表 5-1 中。

② x' 是一个随机变量,其分布取决于 $\mathcal{Q}_i(s,a)$,即如果 $\mathcal{Q}_i(s,a)\in\mathbb{D}^{SP}$,随机变量 x' 的 PDF 可以表示为 $f_E(x)$;如果 $\mathcal{Q}_i(s,a)\in\mathbb{D}^T$,$x'$ 的 PDF 可以表示为 $f_H(x)$(表 5-1)。这种关系由条件 PDF $f_X(x'\mid\mathcal{Q}_i(s,a))$ 描述。

表 5-1 状态转换模型的结构

	d	x	$a\in\mathbb{A}(d,x)$	$\mathcal{N}(a)$	观测值	$p_i(d,a)$	$d'=\mathcal{Q}_i([d,x],a)$	$f_X(x'\mid\mathcal{Q}_i)$
s^{SP}	$[b,p]$	e_H	00	1	无	1	$[\psi(p),\phi(b+e_H)]$	f_E
			10	2	$\Theta=1$	$p_\Theta(p)$	$[\psi(p_P(p)),\phi(\phi(b+e_H)-e_S)]$	f_E
					$\Theta=0$	$1-p_\Theta(p)$	$[\psi(p_N(p)),\phi(\phi(b+e_H)-e_S)]$	f_E
			11	3	$\Theta=1$, FB=1	$p_\Theta(p)p_P(p)$	$\phi(\phi(b+e_H)-e_S-e_P)$	f_H
					$\Theta=1$, FB=0	$p_\Theta(p)(1-p_P(p))$	$[p_{01},\phi(\phi(b+e_H)-e_S-e_P)]$	f_E
					$\Theta=0$	$1-p_\Theta(p)$	$[\psi(p_N(p)),\phi(\phi(b+e_H)-e_S)]$	f_E
s^T	b	h	e_T	1	无	1	$[p_{11},\phi(b-e_T)]$	f_E

有了这些符号,状态转换核函数 $f(s'\mid s,a)$ 可以重写为

$$\begin{aligned}f(s'\mid s,a)&=f((d',x')\mid(d,x),a)\\&=\sum_{i=1}^{\mathcal{N}(a)}p_i(d,a)\delta(d'-\mathcal{Q}_i(s,a))f_X(x'\mid\mathcal{Q}_i(s,a))\end{aligned}\tag{5-40}$$

(4)奖励 $r([d,x],a)$ 是确定性的,通过式(5-30)和式(5-31)确定。

2. 引入基于后状态的控制

基于上述结构特性,最优控制可以基于"后状态"来实现。从物理上来说,

后状态是状态的内源性成分。然而，为了便于表达，本书认为它是附加在原始MDP之后的“虚拟状态”（图5－12）。

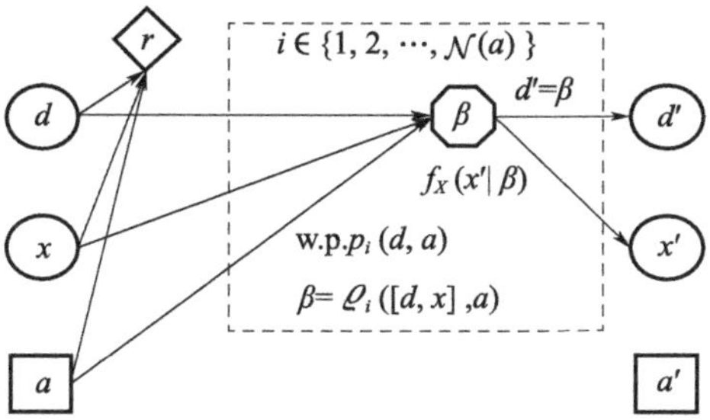

图5－12　带有后状态的扩展MDP模型

具体来说，在对状态 $s=[d,x]$ 施加动作 a 后，其将随机转换到后状态 β。这种跃迁的数量为 $\mathcal{N}(a)$。在第 i 次跃迁处，后状态 $\beta=\varrho_i([d,x],a)$，概率为 $p_i(d,a)$。从后状态 β 开始，下一个状态是 $s'=[d',x']$ 与 $d'=\beta$，且 x' 具备 PDF$f_X(\cdot|\beta)$。

接下来介绍基于后状态的控制，主要思想如下。从 β 开始，下一个状态 $s'=[d',x']$ 只依赖于 β。因此，从后状态 β 开始，最大预期折扣奖励仅取决于 β。本节用后状态值函数 $J^*(\beta)$ 来表示它。起核心关键是：如果 $J^*(\beta)$ 对所有 β 都是已知的，则状态 $s=[d,x]$ 的最优动作可以确定为

$$\pi^*([d,x])=\underset{a\in\mathbb{A}([d,x])}{\operatorname{argmax}}\left\{r([d,x],a)+\sum_{i=1}^{\mathcal{N}(a)}p_i(d,a)J^*(\varrho_i([d,x],a))\right\} \tag{5-41}$$

方程（5－41）的物理意义很直观：状态 $s=[d,x]$ 下的最优动作是最大化即时奖励 $r([d,x],a)$ 和未来期望 $\sum_{i=1}^{\mathcal{N}(a)}p_i(d,a)J^*(\varrho_i([d,x],a))$ 的和。J^* 的求解和公式（5－41）的形式证明见5.3.3节中“建立基于后状态的控制”部分。

与式（5－39）不同，如果 J^* 已知，则使用式（5－41）生成动作很容易，这是因为 $\mathcal{N}(a)$ 和 $|\mathbb{A}(s)|$ 是有限的，$p_i(d,a)$ 和 $\varrho_i([d,x],a)$ 是已知的。此外，J^* 的空间复杂度低于 V^*，因为 $\mathbb{X}$ 不需要在 J^* 中表示。

3. 建立基于后状态的控制

首先，定义后状态贝尔曼方程为

$$J(\beta)=\gamma\underset{X'|\beta}{\mathbb{E}}\left[\max_{a'\in\mathbb{A}([\beta,X'])}\left\{r(\beta,X',a')+\sum_{i=1}^{\mathcal{N}(a')}p_i(\beta,a')J(\varrho_i([\beta,X'],a'))\right\}\right] \tag{5-42}$$

式中：$\mathbb{E}_{X'|\beta}[\cdot]$表示对随机变量的期望值$X'$，它有PDF$f_X(\cdot|\beta)$。然后，定理5.5表明式(5-42)有一个唯一解$J^*$，并且还提供了一个值迭代算法来解决它。请注意，此时本书尚未给出函数J^*的具体含义。最后，定理5.6和推论5.2表明J^*正是5.3.3节中定义的状态后值函数，并且基于式(5-41)定义的策略等价于式(5-39)，因此是最优策略。

定理5.5 给定假设5.1，存在唯一的J^*满足式(5-42)。J^*可以通过值迭代算法计算：由任意有界函数J_0，由以下迭代方程定义的函数序列$\{J_l\}_{l=0}^{L}$，所有$\beta\in\mathbb{D}$，

$$J_{l+1}(\beta)\leftarrow\gamma\mathbb{E}_{X'|\beta}\left[\max_{a'\in\mathbb{A}([\beta,X'])}\left\{r([\beta,X'],a')+\sum_{i=1}^{\mathcal{N}(a')}p_i(\beta,a')J_l(\mathcal{Q}_i([\beta,X'],a'))\right\}\right] \tag{5-43}$$

当$L\to\infty$时，该式收敛至J^*。

不同于经典的贝尔曼方程(5-38)，在后状态贝尔曼方程(5-42)中，期望在奖励函数之外。虽然该奖励函数是无界的，但由于假设5.1，它的期望是有界的。所以式(5-42)的解可以用压缩映射理论建立。

相较于式(5-38)，式(5-42)交换了(条件)期望和最大化算子的顺序。在最大化算子中，函数r、$\mathcal{N}$、p_i和$\mathcal{Q}_i$是已知的。这些对于开发使用样本来估计状态后值函数J^*的学习算法至关重要。

定理5.6 式(5-38)的解V^*的存在性可以由J^*建立。此外，V^*和J^*关系为

$$V^*([d,x])=\max_{a\in\mathbb{A}([d,x])}\left\{r([d,x],a)+\sum_{i=1}^{\mathcal{N}(a)}p_i(d,a)J^*(\mathcal{Q}_i([d,x],a))\right\} \tag{5-44}$$

和

$$J^*(\beta)=\gamma\mathbb{E}_{X'|\beta}[V^*([\beta,X'])] \tag{5-45}$$

推论5.2 J^*是后状态值函数，且基于式(5-41)定义的策略是最优的。

证明：从式(5-45)和V^*的物理意义(附录中的式(附3-4))，$J^*(\beta)$代表从后态β开始的最大期望奖励折扣和。所以J^*是后状态值函数。式(5-41)可以从最优策略(5-39)导出如下：首先用式(5-40)分解期望值，然后代入式(5-45)，所以式(5-41)是最优策略。

推论5.2表明，最优控制可以通过价值函数J^*等效实现。定理5.5证明了J^*的存在性，并给出了求解J^*的数值迭代算法。然而，使用值迭代算法获得J^*

有两个困难。困难1：$\mathop{\mathbb{E}}_{X'|\beta}[\cdot]$的计算需要使用$f_E$和$f_H$，而$f_E$和$f_H$在我们的环境中是未知的。困难2：后状态空间$\mathbb{D}$是连续的，这需要计算无限多个$\beta$下的期望。5.3.4节将通过强化学习算法解决上述两个困难。

5.3.4 强化学习算法

本节首先通过将后状态空间离散化为有限簇来解决困难2。其次，讨论了一种学习算法来解决困难1。给定无线信道和能量收集过程的数据样本，该算法通过样本平均来学习（接近）最优策略，而不是采用期望值。再次，分析了算法的收敛保证和性能界限。最后，对算法进行了修改，以实现数据采样、学习和控制三种操作的同时控制。

1. 后状态空间离散化

本小节将连续后态空间$\mathbb{D}$划分为有限数量的部分或簇$\mathbb{K}$，并定义了一个映射$\omega:\mathbb{D}\rightarrow\mathbb{K}$。此外，分配到同一簇的所有后状态都映射到一个具有代表性的后状态。在数学上，令$\mathbb{D}(k)\triangleq\{\beta\in\mathbb{D}\mid\omega(\beta)=k\}$表示分配给聚类$k$的后态集合在$\mathbb{K}$中。因此，$q(k)\in\mathbb{D}(k)$表示$\mathbb{D}(k)$的所有后状态。最后，本小节将$\mathbb{K}^{SP}$表示为$\omega$下的$\mathbb{D}^{SP}$的图像，其元素表示为$k^{SP}$，并且将$\mathbb{K}^{T}$表示为$\omega$下的$\mathbb{D}^{T}$的图像，其元素表示为$k^{T}$。

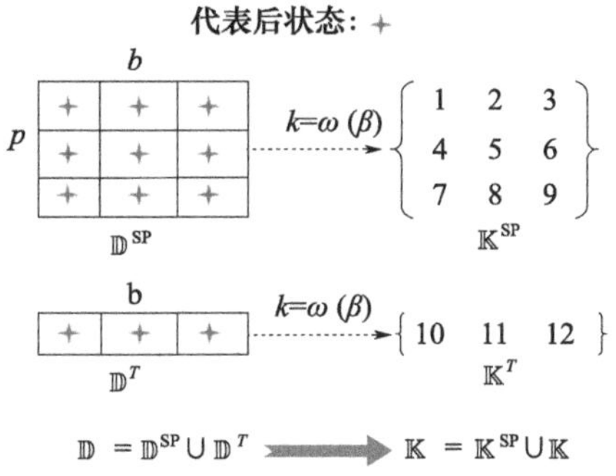

图5－13 状态后空间离散化的举例

例如，在图5－13中，二维$\mathbb{D}^{SP}$均匀离散为9个簇$\mathbb{K}^{SP}=\{1,2,\cdots,9\}$，后态空间$\mathbb{D}^{T}$的一维子集均匀离散为3个簇$\mathbb{K}^{T}=\{10,11,12\}$。从后状态$\beta$到簇$k$的关联用$k=\omega(\beta)$表示，并且由它的中心点$q(k)$表示分配给同一簇的后续状态。

2. 通过数据样本学习最佳策略

通过离散化，本小节设计了一种强化学习算法，从E_H和H的样本中学习接近最优的策略。

其思想是学习一个函数$g(x)$在$\mathbb{K}$上来逼近$J^*(x)$，从而使得$g(\omega(\beta))$在所有$\beta\in\mathbb{D}$逼近$J^*(\beta)$。那么近似最优策略就可以构造为

$$\hat{\pi}([d,x]\mid g)=\mathop{\mathrm{argmax}}_{a\in\mathbb{A}([d,x])}\left\{r([d,x],a)+\sum_{i=1}^{\mathcal{N}(a)}p_i(d,a)g(\omega(\varrho_i([d,x],a)))\right\}\tag{5-46}$$

通过比较式(5－46)和式(5－41)，可以观察到，如果$g(x)$精确逼近$J^*(x)$，则

$\hat{\pi}(\cdot \mid g)$接近 π^*。

函数 $g(x)$通过用数据样本迭代更新来学习。每次更新仅使用一个数据样本。这有助于为在线应用定制算法。下面介绍算法和相关因素。

(1)算法设计。初始用任意有界函数 $g_0(x)$。基于 $g_l(x)$和 x_l(即第 l 个数据样本)计算 $g_{l+1}(x)$。由于 x_l 既可以是能量包采样,也可以是衰落信道采样,因此有两种情况:

① 如果 x_l 是 E_H 的样本,则从$\mathbb{K}^{SP}$中随机选择 N 个非重复的簇。

② 如果 x_l 是 H 的样本,则从$\mathbb{K}^{T}$中随机选择 N 个非重复的簇。

对于这两种情况,都将选择的聚类集表示为$\overline{K}_l$。给定 x_l 和$\overline{K}_l$,有更新规则为

$$g_{l+1}(k)=\begin{cases}(1-\alpha_l(k))\cdot g_l(k)+\alpha_l(k)\cdot\delta_l(k), & k\in\overline{K}_l\\ g_l(k), & \text{其他}\end{cases} \tag{5-47}$$

式中:$\alpha_l(k)\in(0,1)$为第 l 次迭代的聚类 k 的步长,并且 $\delta_l(k)$由 x_l 表示为

$$\delta_l(k)\triangleq\max_{a\in\mathbb{A}([q(k),x_l])}\left\{r([q(k),x_l],a)+\sum_{i=1}^{\mathcal{N}(a)}p_i(q(k),a)g_l(\omega(\mathcal{Q}_i([q(k),x_l],a)))\right\} \tag{5-48}$$

后文将说明,如果能量和信道可以经常采样,且步长 $\alpha_l(k)$按照某种速率衰减,则函数序列$\{g_l(x)\}_{l=1}^{\infty}$收敛,并且收敛的函数 $g_\infty(\omega(\beta))$接近$J^*(\beta)$,从而构造的策略 $\hat{\pi}(\cdot \mid g_\infty)$(定义于式(5-46))能够近似最优策略 π^*。

算法 5.4 总结了上述过程。对于足够大的 L 次迭代,学习过程可以认为是完整的学习到的策略 $\hat{\pi}(x \mid g_L)$,然后可以用于感知、探测和传输控制,见算法 5.5。

算法 5.4 控制策略的学习

Require:数据样本$\{x_l\}_l$
Ensure:学习到的控制策略 $\hat{\pi}(\cdot \mid g_L)$
  初始化 $g_0(k)=0,\forall k$
  For l 从 0 到 $L-1$ **do**
  if x_l 是 E_H 的数据样本 **then**
    从$\mathbb{K}^{SP}$中选择 N 个簇,得到$\overline{K}_l$
  else if x_l 是 H **then** 的数据样本
    从$\mathbb{K}^{T}$中选择 N 个簇,得到$\overline{K}_l$
  end if
  通过使用$(x_l,\overline{K}_l)$执行式(5-47)生成 g_{l+1}
end for
用 g_L,通过式(5-46)构造控制策略 $\hat{\pi}(\cdot \mid g_L)$

(2)算法相关说明。算法5.4是一个随机逼近(stochastic approximation algorithm)算法[105],它是值迭代算法式(5-43)的一种近似。具体来说,从式(5-43)可知,给定第l次迭代的价值函数$J_l(\beta)$,$J_{l+1}(\beta)$的噪声估计可以构造为

$$\max_{a'\in\mathbb{A}([\beta,x'])}\left\{r([\beta,x'],a')+\sum_{i=1}^{\mathcal{N}(a')}p_i(\beta,a')J_l(\mathcal{Q}_i([\beta,x'],a'))\right\}\quad(5-49)$$

用x'从$f_X(\cdot\mid\beta)$采样,如果$\beta\in\mathbb{D}^{SP}$,则x'是E_H的一个实现;如果$\beta\in\mathbb{D}^T$,则x'是H的一个实现。

因此,通过比较式(5-49)和式(5-48),可以看到,$\delta_l(k)$是对$k\in\overline{K}_l$的估计值(引入ω用于离散化,β近似为$q(k)$,J_l替换为g_l)。因此,对于$\delta_l(k)$,方程(5-47)通过样本平均更新$\overline{K}_l$内所选择的g_{l+1}。注意,理论上,可以将$\overline{K}_l$设置为$\mathbb{K}^{SP}$或$\mathbb{K}^T$(x_l是能量或信道采样),这样可以加快学习速度。但是,较大的$|\mathbb{K}^{SP}|$或$|\mathbb{K}^T|$会导致计算量增加。因此,不是更新$\mathbb{K}^{SP}$或$\mathbb{K}^T$的所有簇,而是在每次迭代时随机更新其中的N个聚类,从而控制计算负担。

3. 理论合理性和性能界限

本小节将正式陈述算法5.4的收敛要求和性能保证。首先,对$\forall k\in\mathbb{K}$,定义$M(k)=\{l\in\{0,1,\cdots,L-1\}\mid k\in\overline{K}_l\}$,表示学习期间选择$k$的迭代索引集。此外,本小节还定义

$$\xi\triangleq\max_k\{\sup_{\beta\in\mathbb{D}(k)}|J^*(\beta)-J^*(q(k))|\}\quad(5-50)$$

它描述了由后状态空间离散化引入的"误差"。最后,为了从后状态的角度评估策略π,定义

$$J^\pi(\beta)=\gamma\mathop{\mathbb{E}}_{X'\mid\beta}[V^\pi([\beta,X'])]\quad(5-51)$$

式中,V^π定义于式(5-37)。

给定$M(k)$、ξ和$J^\pi(\beta)$的定义,可得到以下定理。

定理5.7 若假设5.1为真,并且假设在算法5.4中,当$L\to\infty$时

$$\sum_{l\in M(k)}\alpha_l(k)=\infty,\forall k\quad(5-52)$$

$$\sum_{l\in M(k)}\alpha_l^2(k)<\infty,\forall k\quad(5-53)$$

然后可得:

(1)当$L\to\infty$时,式(5-47)生成的函数序列$\{g_l\}_{l=0}^L$以概率1收敛g_∞。

(2)$\|J^*-J_\infty\|\leqslant\frac{\xi}{1-\gamma}$,其中函数

$$J_{\infty}(\beta) \triangleq g_{\infty}(\omega(\beta)) \tag{5-54}$$

而 $\|\cdot\|$ 表示最大范数(Maximum Norm)。

(3) $\| J^{*} - J^{\pi_{\infty}} \| \leqslant \frac{2\gamma\xi}{(1-\gamma)^{2}}$,其中

$$\pi_{\infty} \triangleq \hat{\pi}(\cdot \mid g_{\infty}) \tag{5-55}$$

假设式(5-52)和假设式(5-53)实际上对 $\{x_l\}_l$ 和 $\alpha_l(k)$ 施加了如下约束:

(1)在 $L \to \infty$ 过程中,能量收集和无线衰落过程需要经常在 $\{x_l\}_{l=0}^{L-1}$ 中采样。

(2)对于任意 k,步长序列 $\{\alpha_l(k)\}_{l \in M(k)}$ 应以适当的速率延迟(既不太快也不太慢)。

为了使算法 5.4 收敛,需要约束(1)来获得关于随机过程的足够信息;需要约束(2)来适当地平均随机性(足够小的步长)并通过更新(足够大的步长)对函数 g_l 做出足够的改变。基于这两个约束的假设式(5-52)和假设式(5-53)的推理如下。

首先,$\sum_{l \in M(k)} \alpha_l(k) = \infty$ 需要使 $|M(k)| = \infty$,其中 $|M(k)|$ 表示 $M(k)$ 的大小。因为,本节会有 $\sum_{l \in M(k)} \alpha_l(k) \leqslant |M(k)|$ ($\alpha_l(k)$ 上限为 1)。基于 $M(k)$ 的定义和算法 5.4 构造 $\overline{K}_l$ 的方式,这进一步证明了约束(1)。

其次,为了满足 $\sum_{l \in M(k)} \alpha_l^2(k) < \infty$,步长序列 $\{\alpha_l(k)\}_{l \in M(k)}$ 应该在某个 l 之后有足够衰减速率。但是,衰减率不应太大,以满足 $\sum_{l \in M(k)} \alpha_l(k) = \infty$。有各种各样的步长规则满足这个约束。例如,可以设置 $\alpha_l(k) = \frac{1}{|M(k,l)|}$,其中 $M(k,l)$ 是簇 k 在第 l 次迭代前选择的时隙的集合。

定理 5.7 的陈述(1)证明了算法 5.4 的收敛性保证。陈述(2)表明学习函数 g_{∞} 接近于 J^{*},并且它们的差异由后状态空间离散化引起的误差 ξ 控制。陈述(3)表明,渐近地,策略 $\{\hat{\pi}(\cdot \mid g_l)\}_l$ 的性能接近最优策略 π^{*},并且性能差距与误差 ξ 成比例。

4. 采样、学习和控制

算法 5.4 是一种离线学习算法,通过一次学习能量收集和信道衰落数据的整个训练数据集来生成学习模型。因此,在学习完成之前,无法使用学习到的策略。不过,对于某些应用,在线学习方案可能更可取。在线上机器学习中,序列数据用于在每一步更新未来学习模型,也用于算法需要动态适应数据中新模式的情况。

此外,还可以将算法 5.4 改造为一个在线学习算法,具体过程如下:假设当前学习的函数是 g_l,可以使用 $\hat{\pi}(\cdot \mid g_l)$ 来生成动作,与环境实时互动。因

此，可以从能量收集或信道衰落过程中收集数据样本，进一步用于生成 g_{l+1}。随着循环的继续，g_l 趋于 g_∞，策略 $\hat{\pi}(\cdot|g_l)$ 趋于 π_∞，这意味着过程中生成的动作将越来越有可能是最优解。这样就可以实现对采样、学习和控制的同时控制。

然而，问题在于，上述方法不能保证经常对无线衰落过程进行采样（即不能满足定理假设式（5-52）和假设式（5-53），出自定理5.7。这是因为，只有当 $\hat{\pi}(\cdot|g_l)$ 选择 $a^{SP}=11$ 时，才能对无线衰落过程进行采样。但是，上述方法可能会进入死锁，这样 $a^{SP}=11$ 将永远不会被选择。死锁可能是由以下原因造成的：①电池能量不足，这是由于学习策略一贯积极使用能量造成的；②持续锁定 $a^{SP}=00$ 或 $a^{SP}=10$。为了打破在学习过程中可能的死锁，可以一些小概率 ϵ（称为探索率）迫使算法偏离 $\hat{\pi}(\cdot|g_l)$ 以积累能量（$a^{SP}=00$）或探测信道增益信息（$a^{SP}=11$）（如探索）。

基于以上几点，算法5.5用于持续采样、学习和控制。可以看出，当 $t\to\infty$ 时 g_l 由算法5.5产生的值收敛到 g_∞，具体原因如下。首先，在每个时隙，计算累积能量的概率 $\epsilon/2$ 时算法将选择 $a^{SP}=00$ 来积累。因此，给定时隙 t 下的电池水平 b_t^{SP}，总能找到有限的 T 使得 $\mathrm{Prob}\{b_{t+T}^{SP}\geqslant e_S+e_P\}>0$。换句话说，在任何时隙 $t\geqslant T$，都得到 $\mathrm{Prob}\{b_t^{SP}\geqslant e_S+e_P\}>0$。因此，如果有足够的能量进行检测和探测，算法将选择 $a^{SP}=11$，其概率为 $\epsilon/2$。其次，在任何时隙，信道都有非零概率空闲。因此，算法到达发射阶段的概率为非零。因此，对于 $t\to\infty$ 的过程中可以持续对无线信道进行采样。总之，定理5.7中的假设式（5-52）和假设式（5-53）得到满足，从而有 $\{g_l\}_l$ 渐近收敛到 g_∞。

（1）探索速率的选择：虽然从理论上，上述的收敛性证明对于任何 $\epsilon\in(0,1)$ 都是成立的，但其具体的取值会影响算法的性能。较大的 ϵ 有助于信道信息获取，这反过来可能会加速学习过程。但过大 ϵ 会使算法的行为过于随机，并可能对算法的性能造成重大损失。5.3.5节详细论述了选择 ϵ 的取值。

（2）算法5.5的复杂性分析：对于每个 t，主要的计算负担来自 g_l 的两个嵌入函数更新（第6行和第21行）。每次更新需要计算式（5-48）N 次。每次计算都需要 $|\mathcal{N}(a)|$ 次数乘法，$|\mathcal{N}(a)|$ 次加法，以及大小为 $|\mathbb{A}(a)|$ 的集合上的最大化运算。

（3）运行算法5.5的能量负担：该部分将考虑在每个时隙内执行算法5.5的能量负担，因为它是在能量有限的节点上执行的。准确的能耗量很难计算，因为它取决于硬件平台和算法实现细节。因此，本节粗略地估计了它的能量消耗，而非精确值。

算法 5.5　同步采样—学习—控制算法

注释：$\beta_t^{SP} \in \mathbb{D}^{SP}$ 表示时隙 t 中后状态，β_t^T 的定义类似。
1：初始化：电池 b_0，信道空闲置信概率 p_0 和后状态 $\beta_0^{SP} = [b_0, p_0]$
2：初始化：$g_0(k) = 0, \forall k$，且设置 $l = 0$
3：**for** t 从 1 至 ∞ **do**
4：　　观察成功的收获能量 e_{H_t}
5：　　设 $x_l = e_{H_t}$ 并从 $\mathbb{K}^{SP}$ 选择 $\overline{K}_l$ 和 N 个簇
6：　　通过执行式 (5-47)，用 $(x_l, \overline{K}_l)$ 生成 g_{l+1}
7：　　$l \leftarrow l+1$
8：　　构造状态 $s_t^{SP} = [\beta_{t-1}^{SP}, e_{H_t}]$
9：　　基于式 (5-46) 生成感知决策 $a_t^{SP} = \hat{\pi}(s_t^{SP} \mid g_l)$
10：　**if** $\text{random}() \leq \epsilon$ **then**
11：　　**if** $\text{random}() \leq 1/2$ **then**
12：　　　　$a_t^{SP} = 00$
13：　　**else if** $11 \in \mathbb{A}(s_t^{SP})$ **then**
14：　　　　$a_t^{SP} = 11$
15：　　**end if**
16：　**end if**
17：　基于 a_t^{SP} 应用感知和探测动作
18：　**if** $a_t^{SP} = 11 \& \Theta = 1 \& FB = 1$ **then**
19：　　观察来自 FB 的信道增益 h_t
20：　　设 $x_l = h_t$，并构造 $\overline{K}_l$ 从 $\mathbb{K}^T$ 选择 N
21：　　通过执式 (5-47)，使用 $(x_l, \overline{K}_l)$ 生成 g_{l+1}
22：　　$l \leftarrow l+1$
23：　　导出后状态 β_t^T 使用 s_t^{SP} (表 5-1)
24：　　生成传输策略 $s_t^T = [\beta_t^T, h_t]$
25：　　生成传输策略 $a_t^T = \hat{\pi}(s_t^T \mid g_l)$ (通过式 (5-46))
26：　　生成传输策略 a_t^T，并传输数据
17：　　导出后状态 β_t^{SP} 从 (s_t^T, a_t^T) (表 5-1)
28：　**else**
29：　　导出后状态 β_t^{SP}，用 s_t^{SP} 和 a_t^{SP}，Θ 和 FB (表 5-1)
30：　**end if**
31：**end for**

参考文献 [106] 表明，用于执行算法的能量消耗确定为

$$\text{Engy}_{\text{alg}} = P_{\text{pro}} \cdot T_{\text{alg}} \tag{5-56}$$

式中：P_{pro} 为处理器的运行功率（在此执行算法）；T_{alg} 为执行算法所需的时间。此外，T_{alg} 可以建模为

$$T_{\text{alg}} = C_{\text{alg}} \cdot \frac{1}{f_{\text{pro}}} \tag{5-57}$$

式中：f_{pro}为处理器的时钟频率；C_{alg}为处理器在每个时隙内执行算法所需的时钟数。

假设$|\boldsymbol{E}_T|=6$且$N=1$，从5.3.4节和表5.1可知，在最坏的情况下，执行算法5.5需要4次乘法，4次求和，大小为3的集合上的最大化和大小为6的集合上的最大化。假设C_{alg}带有10^2命令是合理的。此外，参考文献[107]表明，对于现代处理器，$\frac{P_{\text{pro}}}{f_{\text{pro}}}$约为$10^{-9}$J。总之，$\text{Engy}_{\text{alg}}$应该在$10^{-7}$J左右。

因此，在每个时隙内，用于执行学习算法的能量消耗与用于感知、探测和传输的能量消耗相比是可以忽略的。例如，典型的传输功率约为10mW，数据包持续时间约为10ms，这意味着典型的传输能量约为10^{-4}J。

5.3.5 仿真结果

1. 仿真场景

次用户信号功率衰减h由路径损耗h_s和信道衰落h_f组成，且假设为瑞利衰落模型。由此，h_f得到$f(x)=e^{-x}, x\geqslant 0$。路径损耗$h_s$与距离有关，假设是固定的。

然后，利用上述信道模型，传输的数据量可以重写为

$$\tau_T W \log_2\left(1+\frac{e_T h_s h_f}{\tau_T N_0 W}\right) = \tau_T W \log_2\left(1+\frac{e_T h_f}{\eta}\right) \tag{5-58}$$

式中：$\eta \triangleq \frac{\tau_T N_0 W}{h_s}$。假设$W=1$，$\tau_T=10$ms，且$\eta=1$（用于能量归一化）。相对于$\eta$归一化，设置电池容量$B_{\max}=10$，感知能量$e_S=1$，探测能量$e_P=1$，以及传输能量集合$\boldsymbol{E}_T=\{0,1,2,3,4,5\}$。

此外，假设能量是从风力中获取的。因此，E_H由威布尔分布[63]很好地表征，具有形状和平均参数k_E和μ_E。在整个模拟过程中，设置$k_E=1.2$，并改变μ_E来模拟不同的收获能量供应率。此外，信道占用马尔可夫模型由$p_{00}=0.8$和$p_{11}=0.9$描述，并且频谱感知设置为$p_{\text{FA}}=0.1$和$p_M=0.01$。最后，简单的均匀网格用于离散化，置信状态和电池维度各有10个级别。由此，$|\mathbb{K}^{\text{SP}}|=100$且$|\mathbb{K}^T|=10$。

2. 在线学习算法的特点

1）不同探索率ϵ下的学习

当$\mu_E=1$且更新大小$N=1$，本小节研究了算法5.5对于$\epsilon\in\{10^{-5},10^{-4},10^{-3},10^{-2},10^{-1}\}$的适应性，以及适应$\sqrt{1/t}$。

图 5－14 显示了对数时间下的学习曲线。请注意,较小的 ϵ 需要较长的时间来启动学习过程。此外,学习曲线所表现的性能随着学习的开始逐渐增加。这些现象解释如下。

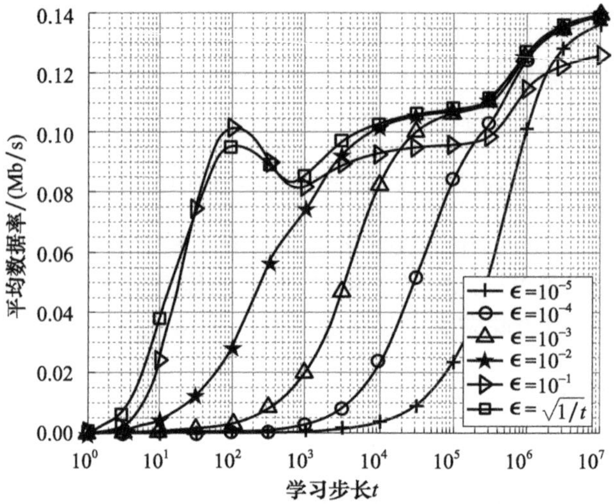

图 5－14　不同探测速度下的学习曲线

首先,注意 ϵ 决定了无线衰落过程的采样频率,进而决定了 $g_l(x)$ 在 $\mathbb{K}^T$ 上的更新速率。此外,用于传输策略的学习复杂度比用于感知探测策略的学习复杂度低得多,因为 $\mathbb{K}^T$ 的大小(如 10)比 $\mathbb{K}^{SP}$(如 100)要小得多。因此,在足够大 ϵ(等于 10^{-1}、10^{-2}、10^{-3} 和 $\sqrt{1/t}$)的情况下,发送策略的学习速度明显快于"检测探测"策略。因此,学习曲线显示了一个两阶段的过程。由于较大 ϵ 意味着更频繁地获得 CSI,因此较大 ϵ 算法启动更快。

然而,由于过于激进的探索,具有太大 ϵ 的值会导致性能损失。例如,对于 $\epsilon=10^{-1}$,系统实现的数据吞吐量比其他情况下低 10%。另一方面,对于 $\epsilon=\sqrt{1/t}$,探索率以较大值开始并随时间而降低,从而提供快速启动和几乎无损的渐近性能。

2)不同 N 下的学习性能

当 $\mu_E=1$ 和 $\epsilon=\sqrt{1/t}$,我们研究了算法 5.5 当 $N\in\{1,2,5,10\}$ 取不同值下的性能。从中可观察到所有的算法都收敛到相同的极限(图 5－15),但是更大的 N 需要更少的学习步骤。这表明了计算量和学习速度之间的权衡。

3. 短视还是全局

本小节比较算法 5.5 中学习的策略、贪婪感知探测(Greedy Sensing Probe, GSP),贪婪传输(Greedy Fransmission, GT)和贪婪感知探测传输(Greedy Sensing

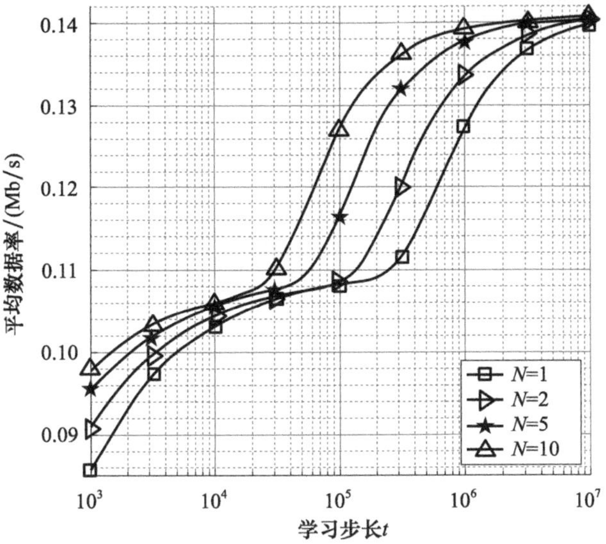

图 5 – 15　不同更新大小下的学习曲线

Probe Transmission, GSPT)。GSP 总是感知和探测信道,但是调整发射功率,这是通过将动作空间$\mathbb{A}(s)$在式(5 – 48)和式(5 – 46)限制为具有只有在感知探测状态的贪婪行为。GT 中,每当能量足够时,节点以最大功率电平传输,但是智能地选择感知和探测动作。GSPT 是一个纯粹的贪婪策略,在两个阶段都有短视行为。本小节比较了这些策略在不同的能源收获率下的表现(与平均收获能源μ_E相比)。

首先,考虑策略利用信道访问机会的能力。这是通过信道接入概率来测量的,信道接入概率是选择感知动作时信道空闲的概率。该概率上限为由信道的空闲概率$p_{01}/(p_{01}+p_{10})=0.2/0.3\approx 0.67$。这两个上限也在图中进行了标注以作为比较基准。图 5 – 16 显示了不同策略的测量信道接入概率。此外,数据速率在图 5 – 17 中进行了测量和显示,其上限为$p_{01}/(p_{01}+p_{10})\cdot p_O\cdot\mathbb{E}[W\log_2(1+e_{\mathrm{T}}^{M}h_f)]\approx 1.285$,其中$e_T^M=\max\{\boldsymbol{E}_T\}=5$。

总之,所有的策略都在利用越来越多的收获能量,来获得更多的信道接入机会和更高的数据速率。有了足够高的能量供应,所有的策略性能都达到了上限。

请注意,GSPT 最擅长利用信道接入机会,因为它在检测和探测方面很积极。然而,缺点是这些动作是能量密集型的,导致数据传输缺乏能量。因此,就数据速率而言,GSPT 的表现最差。

与 GSPT 相比,GSP 的信道接入概率较低,但数据速率较高。其主要原因是 GSP 基于信道衰落状态和贪婪的感知探测策略来调整发射功率。因此,GSP 更有效地利用能量进行数据传输,而不是简单的感知和探测。

相比之下,GT 总是使用最高的发射功率,而不考虑信道状态。该策略致力

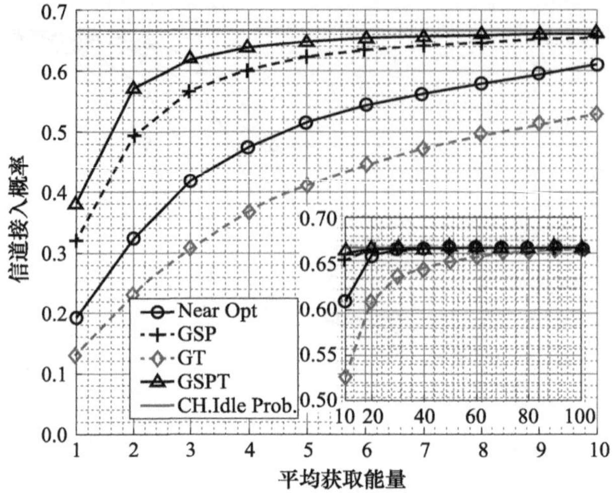

图 5－16　不同 μ_E 下的信道接入概率

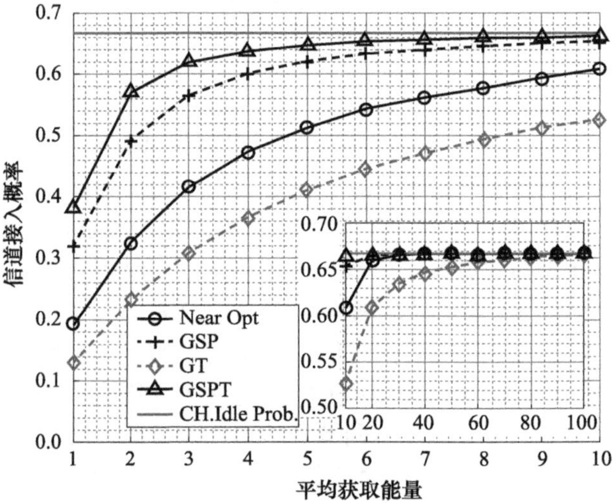

图 5－17　不同 μ_E 下的数据速率

于基于电池能量水平、信道置信和积极的传输策略做出智能感知和探测决策。当收获的能量较低时，GT 在数据速率方面优于 GSP。这是因为做出正确的传感和探测决定比节省传输能量要重要得多。然而，当收获的能量供应增加时，GSP 表现优于 GT。其原因是贪婪感知和探测动作，导致的能量消耗相对于可用能量趋于忽略。

通过完全适应，学习的策略邻近选择在传感探测和传输阶段之间实现了有利的能量平衡。因此，邻近选择实现了最佳数据速率。

附录　相关概念

1. 神经网络

监督学习(Supervised Learning)可以看成学习一个函数,该函数能够拟合给定的输入输出示例,并拓展到未看到的数据。当输出值仅取自一个有限集合时,学习任务被称为分类问题,即每个输出解释为与输入相关的"类"。当输出取连续值时,学习任务称为回归问题。当前有很多经典的监督学习算法,如支持向量机(用于分类)[108]和人工神经网络(并行用于分类和回归)[87]。人工神经网络的问题背景是学习一个最匹配给定输入输出例子的函数。下面将讨论如何在给定多维输入输出对$\{(\boldsymbol{x}_i,\boldsymbol{y}_i)\}_i$的情况下训练人工神经网络,其中$\boldsymbol{x}_i\in\mathbb{R}^M$和$\boldsymbol{y}_i\in\mathbb{R}^N$。

人工神经网络是一个加权有向图(由节点和边界组成)。通常,图表具有分层结构,即节点(称为神经元)分组为L个有序层。第l层的神经元连接到第$(l+1)$层的神经元,对于$1\leqslant l\leqslant L-1$,权重$w_{ij}^{l+1}$位于$l$层的第$i$神经元和第$l+1$层的第$j$个神经元之间。第一层称为输入层,有$M$个神经元。最后一层称为输出层,有$N$个神经元。中间的所有层都称为隐藏层,其中第$l$层$(1<l<L)$拥有$K^l$神经元($\{K^l\}_l$是超参数)。例如,附图1-1显示了一个三输入二输出的人工神经网络,它有一个包含4个神经元的隐藏层。

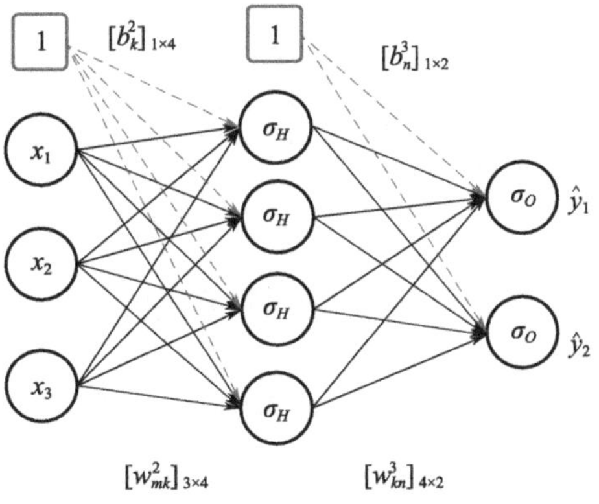

附图1-1　三层神经网络

给定图结构和参数,人工神经网络给出函数$f(\cdot)$。也就是说,对于给定的输入值$\boldsymbol{x}\in\mathbb{R}^M$,人工神经网络将相关的输出估计为$\hat{\boldsymbol{y}}=f(\boldsymbol{x})\in\mathbb{R}^N$,具体如下。首先,输入层的神经元输出一个等于$\boldsymbol{x}$的"信号"向量。具体而言,输入层的第$m$

个神经元输出一个"信号" x_m,其中 x_m 为 $\boldsymbol{x}$ 中的第 m 个分量。从输入层产生的信号通过边(并通过相应的权重加权)到达第二层。第二层的神经元基于接收到的信号(这将在后面讨论)再生信号,并将它们传递到第三层。这个过程一直持续到输出层神经元产生信号 $\{\hat{y}_i\}_{i=1}^{N}$。然后,向量 $\hat{\boldsymbol{y}}=[\hat{y}_1,\hat{y}_2,\cdots,\hat{y}_N]$ 视为与输入 $\boldsymbol{x}$ 相关联的人工神经网络的估计输出。

本附录介绍了人工神经网络中信号传递和再生的细节。令 z_i^l 为第 l 层的第 i 个神经元的输出。显而易得,$z_i^1=x_i$, $\forall 1\leqslant i\leqslant M$。它将信号再生为 $\sigma_i^l\left(\sum_k w_{ki}^l\cdot z_k^{l-1}+b_i^l\right)$,其中,$\sigma_i^l(\cdot)$ 和 b_i^l 是与第 l 层的第 i 个相关的激活函数和偏置参数。

理论上,不同的神经元(隐藏层和输出层)可以有不同的激活功能。在实践中,通常给隐藏层的所有神经元分配一个函数 $\sigma_H(\cdot)$ 就足够了,这个函数要求是非线性且可微的。广泛应用的 $\sigma_H(\cdot)$ 是 Sigmoid 函数[87],即

$$\sigma_H(x)=\frac{1}{1+\mathrm{e}^{-x}} \tag{附 1-1}$$

如附图 1-2 所示,输出层神经元激活函数的选择取决于输出值的期望范围。在最简单的情况下,输出 $\hat{y}_i$ 的每个分量取所有实值,可以设置 $\sigma_O(x)=x$(称为线性激活函数)。

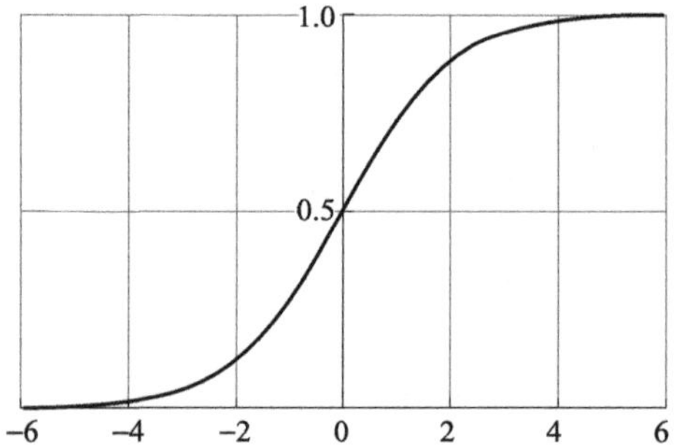

附图 1-2 Sigmoid 函数

在人工神经网络中,激活函数的类型、隐藏层的层数以及每个隐藏层的神经元数量都是超参数(参数在学习过程中不会改变)。超参数的选择是经验性的,通常通过试验来完成。ANN 的参数是权重 $\{\boldsymbol{w}^l\}_l$ 和偏差 $\{\boldsymbol{b}^l\}_l$,它们被调整以使输出与给定的数据相匹配。

具体来说,对于一批给定的输入输出对 $\{(\boldsymbol{x}_i,\boldsymbol{y}_i)\}_i$,人工神经网络生成一批输出 $\{\hat{\boldsymbol{y}}_i\}_i$,其中 $\hat{\boldsymbol{y}}_i$ 是给定的 $\boldsymbol{x}_i$ 的输出。构造了一个损失函数 $\mathcal{L}$ 来度量 $\{\hat{\boldsymbol{y}}_i\}_i$ 和 $\{\boldsymbol{y}_i\}_i$ 之间的差异。例如,通常使用二次损失函数,即

$$\mathcal{L}(\boldsymbol{w}^l,\boldsymbol{b}^l)=\sum_i \|\boldsymbol{y}_i-\hat{\boldsymbol{y}}_i\|_2^2$$

对于给定数据 $\mathcal{L}$ 是参数 $\{\boldsymbol{w}^l\}_l$ 和偏差 $\{\boldsymbol{b}^l\}_l$ 的函数。

所以学习的目标是最小化 $\mathcal{L}$ 通过调整参数 $\{\boldsymbol{w}^l\}_l$ 和偏差 $\{\boldsymbol{b}^l\}_l$ 来实现。注意,精确的最小化是困难的,因为 $\mathcal{L}$ 不是凸的。经验表明,基于梯度的搜索(如梯度下降算法)可以获得良好的性能。由于人工神经网络的分层结构,导数 $\partial\mathcal{L}/\partial\boldsymbol{w}^l$ 和 $\partial\mathcal{L}/\partial\boldsymbol{b}^l$ 可以通过应用链式法则来有效地计算(详见反向传播算法[109])。

2. 马尔可夫随机场

无监督学习(Unsupervised Learning)考虑数据结构的发现,其(不同于监督学习)训练数据不包含目标输出,其学习目标是挖掘训练数据中的某种"有趣模式"。聚类分析是最常见的无监督学习任务之一。它通过基于某种相似性度量将数据样本聚类成几个组来挖掘数据样本的底层结构。

MRF 广泛应用于计算机视觉。它的应用通常源于一个共同的特征,即图像像素通常在局部意义上与其他像素相关。为了简单起见,仅考虑灰度值图像,任务是将图像分割成"对象"和"背景"两部分。也就是说,分割过程返回二进制图像。当对象和背景具有不同的灰度值时,最好通过定义灰度值阈值来分割图像。例如,预计可以用单个阈值获得。附图 2-1(a)的良好分割。然而,如果图像被噪声污染,阈值分割可能表现不佳。例如,附图 2-1(b)显示了被椒盐噪声污染的图像。附图 2-1(c)显示了灰度值阈值等于 154(通过 Otsu's 方法获得的最佳阈值为 112)的阈值分割结果。

(a) 原始图像

(b) 被椒盐噪声污染的图像

(c) 阈值分割

(d) 包含MRF的分割结果

附图 2-1　二值图像分割实例

为了处理噪声和提高分割效果,有很多方法。一种方法是结合直觉,即空间上靠近的像素可能属于同一类别(对象或背景)。作为一种简单但有用的方法,MRF 可以用来模拟这种直觉,描述如下。

令 x_i 表示第 i 个像素的标号,$x_i = 1/0$ 表示第 i 像素属于物体/背景。然后,对于每个像素,将它的邻居定义为上、下、左、右像素(称为 4 相邻关系)。根据这种相邻关系,可以定义一个图 $\mathcal{G} = (\mathcal{V}, \mathcal{E})$;节点集合 $\nu = \{1,2,\cdots,N\}$,分别表示像素标号$[x_1, x_2, \cdots, x_N] \triangleq \boldsymbol{x}$;边的集合 $\mathcal{E} = \{(i,j) \mid$ 如果像素 i 和像素 j 是邻居$\}$。附图 2-2 给出了一个 9 像素图像的例子。

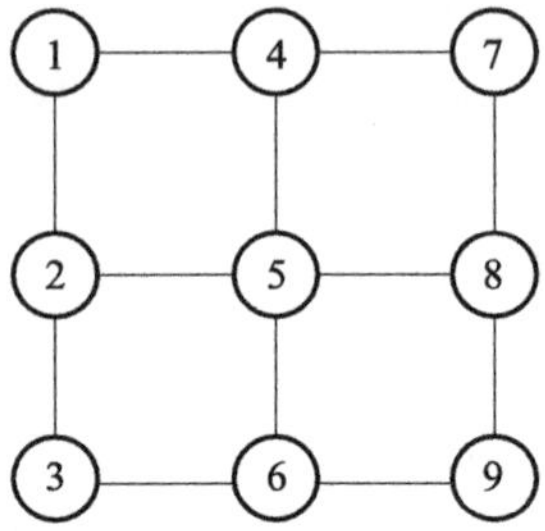

附图 2-2　9 像素图像的图形 $\mathcal{G}$

这里展示由 $\mathcal{G}$ 构造的 MRF。对于$(i,j) \in \mathcal{G}$ 的每条边,定义一个势函数 $\phi(x_i, x_j)$,如附表 2-1 所列。注意表中对角线上的元素的取值要大于反对角线上的元素,表示相信事件 $x_i = x_j$ 相较于 $x_i \neq x_j$ 更可能发生。

附表 2-1　成对(Pairwise)势函数 $\phi(x_i, x_j)$

x_i	x_j	
	0	1
0	36	14
1	14	36

最后,MRF$\boldsymbol{\Phi}(\boldsymbol{x})$在 $\boldsymbol{x}$ 定义为

$$\boldsymbol{\Phi}(x) = \prod_{(i,j) \in \mathcal{E}} \phi(x_i, x_j) \tag{附 2-1}$$

$\boldsymbol{\Phi}(\boldsymbol{x})$用于近似模拟 x 上的(非标准化)联合先验分布。

现在,为了获得更好的结果,将构造的 MRF(式(附 2-1))与阈值分割相结合。将第 i 个像素的灰度值表示为 y_i,将数据似然函数 $f(y_i \mid x_i)$定义为

$$f(y_i \mid x_i) = \begin{cases} 1, & x_i = 1, y_i < 154 \\ 1, & x_i = 0, y_i \geqslant 154 \\ 0, & \text{其他} \end{cases}$$

然后，将优化问题定义为①

$$x^* = \underset{x}{\operatorname{argmax}}\left\{\prod_{i\in\mathcal{V}}f(y_i \mid x_i)\prod_{(i,j)\in\mathcal{E}}\phi(x_i,x_j)\right\} \qquad (附 2-2)$$

式(附 2-2)计算了在给定数据似然函数和 MRF 作为先验的最大后验估计。然后将式(附 2-1)的结果 x^* 作为图像分割结果，如附图 2-1(d)所示。可以看出，噪声已经完美消除了。

3. 马尔可夫决策过程与后状态

强化学习(Reinforcement Learning, RL)考虑不确定条件下的最优决策。通常，RL 考虑随机动态环境，其包含一个代理人，即决策者，可以从“环境”中获得一定的随机回报。奖励的多少取决于采取的行动和环境的“状态”。此外，代理的动作改变了环境，即状态改变，并且在应用动作之后随机转变到下一个状态(遵循一定的状态转变概率)。代理的目标是通过考虑环境的随机和动态特性，在给定的时间内收集尽可能多的奖励。

强化学习是一种机器学习方法，旨在通过代理与环境的交互来学习如何做出适应环境的最优决策。在强化学习中，马尔可夫决策过程(Markov Decision Process, MDP)是一种数学框架，用于建模序贯决策问题。

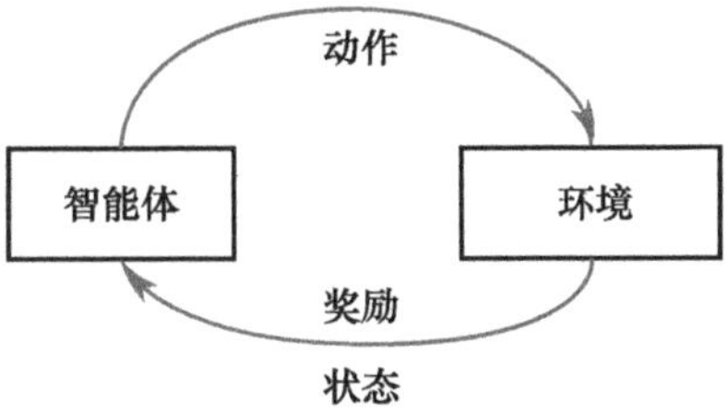

附图 3-1 MDP 的问题设置

马尔可夫决策过程[62]描述了这一决策问题的状态、动作和奖励的转换过程。它假设当前的状态仅与前一状态和当前采取的动作相关，并满足马尔可夫性质。在马尔可夫决策过程中，代理根据当前的状态选择一个动作，并观察到下一个状态和相应的奖励。代理的目标是学习一个策略，即从状态到动作的映射关系，以最大化累积奖励。马尔可夫决策过程考虑随机动态环境下的最优决策。假设环境可以通过状态 s 完全描述，所有状态都定义为状态空间$\mathbb{S}$。面对状态 s，代理，即决策者，可以通过应用动作 a 来与环境交互，面对状态 s 所有可用的动作表示为$\mathbb{A}(s)$。

因此，对于所有状态，所有可用动作都可以表示为“动作空间”$\{\mathbb{A}(s)\}_s$。在状态 s 的环境下施加一个动作 a 后，代理可以得到一个瞬间的奖励，这个奖励可以是随机的，它的期望值可以表示为一个奖励函数 $r(s,a)$，这个函数只依赖于(s,a)。反过来，应用的动作会影响环境，因此，环境的状态会改变并转变为其他状态 s。假设这个跃迁是马尔可夫式的，即跃迁到某个状态的概率只取决于当前

① 注意：如果 $\phi(1,1)=\phi(1,0)=\phi(0,1)=\phi(0.0)$，$x^*$ 通过式(附 2-2)计算得出后减少到阈值分割。

状态和采取的行动,可以表示为状态跃迁概率 $p(s' \mid s,a)$。

因此,4 元组信息 $\{\mathbb{S}, \{\mathbb{A}(s)\}_s, r, p\}$,即状态空间、动作空间、奖励函数和状态转移概率,定义了一个 MDP。

假设 Π 表示所有平稳的确定性策略,其表示从 $s \in \mathbb{S}$ 到 $\mathbb{A}(s)$ 的映射。经典的 MDP 理论指出,求解该 MDP 可仅考虑 Π 中的策略。具体地说,对于任何 $\pi \in \Pi$,函数 $V^\pi: \mathbb{S} \to \mathbb{R}$,代表策略 π 中的累计奖励,其定义如下:

$$V^\pi(s) \triangleq \mathbb{E}\left[\sum_{\tau=0}^{\infty} \gamma^\tau r(s_\tau, \pi(s_\tau)) \mid s_0 = s\right] \qquad (附 3-1)$$

式中:s_τ 表示时间 τ 下的状态;$\gamma \in [0,1]$ 为贴现因子的常数;期望值 $\mathbb{E}[\cdot]$ 由状态转移概率决定。

在 Π 中,有一个最优策略 $\pi^* \in \Pi$,它在所有 s 上达到 V^π 的最大值,即

$$V^{\pi^*}(s) = \sup_{\pi \in \Pi}\{V^\pi(s)\}, \forall s$$

此外,π^* 可由贝尔曼方程[62]确定,定义如下:

$$V(s) = \max_{a \in \mathbb{A}(s)} \{r(s,a) + \gamma \mathbb{E}[V(s') \mid s,a]\} \qquad (附 3-2)$$

式中:s' 表示给定当前状态 s 和所采取的动作 a 的随机下一个状态。令 $V^*(s)$ 为状态值函数,其是式(附 3-2)的解。然后,最优策略 $\pi^*(s)$ 可以定义为

$$\pi^*(s) = \underset{a \in \mathbb{A}(s)}{\operatorname{argmax}} \{r(s,a) + \gamma \mathbb{E}[V^*(s') \mid s,a]\} \qquad (附 3-3)$$

此外,如参考文献[63]中所示:

$$V^*(s) = V^{\pi^*}(s), \forall s \qquad (附 3-4)$$

标准 MDP 结果从“状态”的角度处理了这些问题,它为求解动态任务规划问题(即求解最优策略 π^*)提供了一个解决方案。但是,对于某些问题,在后状态方面制定策略更自然、更有用,这将在下文中用井字游戏(一种儿童纸笔游戏)进行解释。井字游戏是一种双人游戏[95],两个玩家轮流在一个 3×3 的格子标记,某个玩家首先将他的三个标记放在水平、垂直或对角线行中,则就可赢得游戏。附图 3-2 显示了使用“O”标记的玩家在他的第四个标记时赢得游戏的情况。

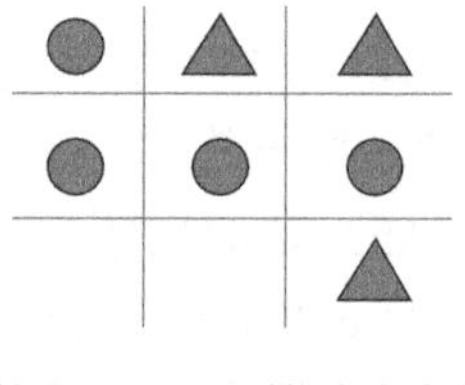

附图 3-2　纸笔游戏中的井字游戏

从任何一个玩家的角度来看,井字游戏都可以模拟成一个 MDP。具体来说,在玩家每个标记之前,网格中标记的配置都可以视为一个状态 s。在一种状态下,空位决定了玩家所有可能的行动 $\mathbb{A}(s)$。玩家的动作应用后,对手回应,给出另一种状态。将最终获胜标记的奖励(该动作立即导致获胜)确定为 1;而所有其他

即时行动的奖励为 0。同样，将 γ 设置为 1，将获胜状态视为吸收状态。那么，可以把 $V^*(s)$（定义于式（附 3－4））解释为在状态 s 下遵循策略 π 获胜的概率。此外，$V^*(s)$（定义于式（附 3－4））可以解释为在通过考虑给定状态 s 下获胜的最高概率 Π 内所有可能的策略。最终，最佳动作 $\pi^*(s)$（定义于式（附 3－3））简化为

$$\pi^*(s) = \underset{a \in \mathbb{A}(s)}{\operatorname{argmax}} \{\mathbb{E}[V^*(s') \mid s, a]\} \tag{附 3－5}$$

其可以解释为：在每个状态下，玩家都应该采取预期中给出最佳的下一个状态（具有最高获胜机会）的动作。

虽然以上分析是合理的，然而，在玩井字游戏时，很少通过分析状态来决定行动。事实上，在行动实施之后，但在对手标记之前，根据标记位置（定义为后状态）来评估策略[95]。原因是确切地知道在某种状态下，行为之后会是什么后状态（对于使用“O”标记的玩家，后状态和状态动作对之间的关系的两个例子如附图 3－3 所示）。

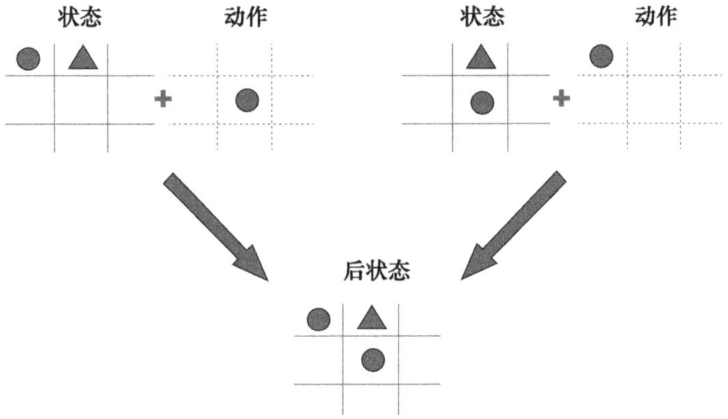

附图 3－3　从状态－动作对到后状态

此外，在下棋时，对不同的结果后状态的获胜机会有一种直觉，即人们的经验和推理来估计的“棋感”。令 $J^*(p)$ 表示后状态 p 的估计获胜概率。所以，人们在玩游戏时，在一个状态 s，可简单地选择导致 $J^*(\cdot)$ 值最高的后状态的动作，即

$$\pi^*(s) = \underset{a \in \mathbb{A}(s)}{\operatorname{argmax}} \{J^*(\mathcal{Q}(s, a))\} \tag{附 3－6}$$

式中：$\mathcal{Q}(s, a)$ 为对状态 s 应用动作 a 后的后状态。此外，从附图 3－3 中，可以看到多个状态－动作可能对应于一个后状态，这可能会减少存储空间并简化问题。

参考文献

[1]VENU D N,ARUNKUMAR A,VAIGANDLA K K. Review of internet of things (IoT)for future generation wireless communications[J]. International Journal for Moderm Trends in Science and Technology,2022,8(3):1 -8.

[2]YANG C,LIANG P,FU L M,et al. Using 5G in smart cities:A systematic mapping study[J]. Intelligent Systems with Applications,2022,14:200065.

[3]Department of Defense. Electromagnetic spectrum superiority strategy released[EB/OL]. (2020 -10 -29)[2023 -10 -29]. https://www. defense. gov/News/Releases/Release/Article/2397850/electromagnetic -spectrum -superiority -strategy -released/.

[4]MITOLA,Ⅲ J. An integrated agent architecture for software defined radio:Vol. 1[D]. Stockholm:Royal Institute of Technology (KTH),2000:3 -10.

[5]CHOI K W,HOSSAIN E,KIM D I. Cooperative spectrum sensing under a random geometric primary user network model[J]. IEEE Transactions on Wireless Communications,2011,10(6):1932 -1944.

[6]LI T,ZHU S H,OGIHARA M. Using discriminant analysis for multi -class classification:an experimental investigation[J]. Knowledge and Information Systems,2006,10(4):453 -472.

[7]THILINA K M,CHOI K W,SAQUIB N,et al. Machine learning techniques for cooperative spectrum sensing in cognitive radio networks[J]. IEEE Journal on Selected Areas in Communications,2013,31(11):2209 -2221.

[8]SYED S N,LAZARIDIS P I,KHAN F A,et al. Deep neural networks for spectrum sensing:A review[J]. IEEE Access,2023,11:89591 -89615.

[9]DU K X,WAN P,WANG Y H,et al. Spectrum sensing method based on information geometry and deep neural network[J]. Entropy,2020,22(1):94.

[10]PATEL D K,LOPEZ -BENITEZ M,SONI B,et al. Artificial neural network design for improved spectrum sensing in cognitive radio[J]. Wireless Networks,2020,26:6155 -6174.

[11]XIE J D,LIU C,LIANG Y C,et al. Activity pattern aware spectrum sensing:A CNN -based deep learning approach[J]. IEEE Communications Letters,2019,23(6):1025 -1028.

[12]LIU C,WANG J,LIU X M,et al. Deep CM -CNN for spectrum sensing in cognitive radio[J]. IEEE Journal on Selected Areas in Communications,2019,37(10):2306 -2321.

[13]ZHENG S L,CHEN S C,QI P H,et al. Spectrum sensing based on deep learning classification for cognitive radios[J]. China Communications,2020,17(2):138 -148.

[14]SONI B,PATEL D K,LOPEZ -BENITEZ M. Long short -term memory based spectrum sensing scheme for cognitive radio using primary activity statistics[J]. IEEE Access,2020,8:

97437 –97451.

[15]LEES W M,WUNDERLICH A,JEAVONS P J,et al. Deep leaming classification of 3. 5 – GHz band spectrograms with applications to spectrum sensing[J]. IEEE transactions on cognitive communications and networking,2019,5(2):224 –236.

[16]GAO J B,YI X M,ZHONG C J,et al. Deep learning for spectrum sensing[J]. IEEE Wireless Communications Letters,2019,8(6):1727 –1730.

[17]VYAS M R,PATEL D K,LOPEZ – BENITEZ M. Artificial neural network based hybrid spectrum sensing scheme for cognitive radio[C]//Proceedings IEEE International Symposium on Personal,Indoor and Mobile Radio Communications(PIMRC),2017:1 –7.

[18]LIU C,LIU X M,LIANG Y C. Deep CNN for spectrum sensing in cognitive radio[C]//Procedings IEEE Intenational Conference on Communications(ICC). Shanghai,China,2019:1 –6.

[19]DIGHAM F F,ALOUINI M S,SIMON M K. On the energy detection of unknown signals over fading channels[J]. IEEE Transactions on Communications,2007,55(1):21 –24.

[20]ZENG Y,KOH C L,LIANG Y C. Maximum eigenvalue detection:Theory and application[C]//Proceedings IEEE International Conference on Communications(ICC). Beijing,China,2008:4160 –4164.

[21]STEVENSON C R,CHOUINARD G,LEI Z D,et al. IEEE 802. 22:The first cognitive radio wireless regional area network standard[J]. IEEE Communications Magazine,2009,47(1):130 –138.

[22]AKYILDIZ I F,LO B F,BALAKRISHNAN R. Cooperative spectrum sensing in cognitive radio networks:A survey[J]. Physical Communication,2011,4(1):40 –62.

[23]MISHRA S M. Maximizing available spectrum for cognitive radios[D]. Berkeley:University of California,Berkeley,2009.

[24]ZAIDIS A R,MCLERNON D C,GHOGHO M. Quantifying the primary' s guard zone under cognitive user' s routing and medium access [J]. IEEE Communications Letters,2012,16(3):288 –291.

[25]LI S Z. Markov random field models in computer vision[C]//Eklundh J O. Computer Vision – ECCV 94:3rd European Conference on Computer Vision,Proceedings. Berlin:Springer – Verlag,1994:361 –370.

[26]LI H. Cooperative spectrum sensing via belief propagation in spectrum – heterogeneous cognitive radio systems[C]//Proceedings of the IEEE Wireless Communications and Networking Conference (WCNC). Sydney,NSW,Australia,2010:1 –6.

[27]PENNA F,GARELLO R,SPIRITO M A. Distributed inference of channel occupation probabilities in cognitive networks via message passing[C]/Proceedings of the IEEE Symposium on New Frontiers in Dynamic Spectrum. Singapore,2010:1 –11.

[28]ZHANG Z H,HAN Z,LI H S,et al. Belief propagation based cooperative compressed spectrum sensing in wideband cognitive radio networks[J]. IEEE Transactions on Wireless Communications,2011,10(9):3020 –3031.

[29] WANG Y F, LI H S, QIAN L J. Belief propagation and quickest detection – based cooperative spectrum sensing in heterogeneous and dynamic environments[J]. IEEE Transactions on Wireless Communications, 2017, 16(11): 7446 – 7459.

[30] KOLLER D, FRIEDMAN N. Probabilistic graphical models: Principles and techniques[M]. Cambridge, MA: MIT Press, 2009.

[31] CORMEN T H, LEISERSON C E, RIVEST R L, et al. Introduction to algorithms[M]. 3rd ed. Cambridge, MA: MIT Press, 2009.

[32] FORD L R, FULKERSON D R. Maximal flow through a network[J]. Canadian Journal of Mathematics, 1956, 8(3): 399 – 404.

[33] DINIC E A. Algorithm for solution of a problem of maximum flow in a network with power estimation[J]. Soviet Math Doklady, 1970, 11: 1277 – 1280.

[34] BOYKOV Y, KOLMOGOROV V. An experimental comparison of min – cut/max – flow algorithms for energy minimization in vision[J]. IEEE Transactions on Pattern Analysis and Machine Intelligence, 2004, 26(9): 1124 – 1137.

[35] KOMODAKIS N, PESQUET J C. Playing with duality: An overview of recent primaldual approaches for solving large – scale optimization problems[J]. IEEE Signal Process, Magazine, 2015, 32(6): 31 – 54.

[36] KORTE B, VYGEN J. Combinatorial optimization: Theory and algorithms[M]. New York, NY: Springer, 2006.

[37] RUSZCZYNSKI A P. Nonlinear optimization[M]. Princeton, New Jersey: Princeton University Press, 2006.

[38] KOMODAKIS N, PARAGIOS N, TZIRITAS G. MRF energy minimization and beyond via dual decomposition[J]. IEEE Transactions on Pattern Analysis and Machine Intelligence, 2011, 33(3): 531 – 552.

[39] MARK B L, NASIF A O. Estimation of interference – free transmit power for opportunistic spectrum access[C]//Proceedings of the IEEE Wireless Communications and Networking Conference (WCNC). Las Vegas, 2008: 1679 – 1684.

[40] KOMODAKIS N, PARAGIOS N. Beyond pairwise energies: Efficient optimization for higher – order MRFs[C]//Proceedings of the IEEE Conference on Computer Vision and Pattern Recognition (CVPRW). Miami, 2009: 2985 – 2992.

[41] SUN H J, NALLANATHAN A, WANG C X, et al. Wideband spec – trum sensing for cognitive radio networks: a survey[J]. IEEE Wireless Communications, 2013, 20(2): 74 – 81.

[42] QUAN Z, CUI S G, SAYED A H, et al. Optimal multiband joint de – tection for spectrum sensing in cognitive radio networks [J]. IEEE Signal Processing Magazine, 2008, 57 (3): 1128 – 1140.

[43] TIAN Z, GIANNAKIS G B. A wavelet approach to wideband spectrum sensing for cognitive radios[C]//Proceedings of the IEEE 1st international conference on cognitive radio oriented wireless networks and communications, 2006: 1 – 5.

[44] FARHANG – BOROUJENY B. Filter bank spectrum sensing for cognitive radios[J]. IEEE Transactions on Signal Processing,2008,56(5):1801 – 1811.

[45] TIAN Z,GIANNAKIS G B. Compressed sensing for wideband cognitive radios[C]//IEEE International Conference on Acoustics, Speech and signal processing(ICASSP): Vol. 4. IEEE, 2007:IV – 1357.

[46] TIAN Z,TAFESSE Y,SADLER B M. Cyclic feature detection with sub – Nyquist sampling for wideband spectrum sensing[J]. IEEE Journal of Selected topics in Signal Processing,2011,6(1):58 – 69.

[47] ZENG F Z,LI C,TIAN Z. Distributed compressive spectrum sensing in cooperative multihop cognitive networks[J]. IEEE Journal of Selected Topics in Signal Processing,2010,5(1):37 – 48.

[48] TROPP J A,LASKA J N,DUARTE M F,et al. Beyond Nyquist: Efficient sampling of sparse bandlimited signals[J]. IEEE Transactions on Information Theory,2010,56(1):520 – 544.

[49] WALD A. Sequential tests of statistical hypotheses[J]. The Annals of Mathematical Statistics, 1945,16(2):117 – 186.

[50] LAI L F,POOR H V,XIN Y,et al. Quickest search over multiple sequences[J]. IEEE Transactions on Information Theory,2011,57(8):5375 – 5386.

[51] CAROMI R,XIN Y,LAI L F. Fast multiband spectrum scanning for cognitive radio systems [J]. IEEE Transactions on Communications,2012,61(1):63 – 75.

[52] COHEN K,ZHAO Q,SWAMI A. Optimal index policies for anomaly localization in resource – constrained cyber systems[J]. IEEE Transactions on Signal Processing. , 2014, 62(16): 4224 – 4236.

[53] COHEN K,ZHAO Q. Asymptotically optimal anomaly detection via sequential testing[J]. IEEE Transactions on Signal Processing. ,2015,63(11):2929 – 2941.

[54] GUREVICH A,COHEN K,ZHAO Q. Sequential anomaly detection under a nonlinear system cost[J]. IEEE Transactions on Signal Processing,2019,67(14):3689 – 3703.

[55] LAMBEZ T,COHEN K. Anomaly search with multiple plays under delay and switching costs [J]. IEEE Transactions on Signal Processing,2022,70:174 – 189.

[56] JIANG J,SUN H J,BAGLEE D,et al. Achieving autonomous compressive spectrum sensing for cognitive radios[J]. IEEE Transactions on Vehicular Technology,2016,65(3):1281 – 1291.

[57] URKOWITZ H. Energy detection of unknown deterministic signals [J]. Proceedings of the IEEE,1967,55(4):523 – 531.

[58] YUAN K H, BENTLER P M. Two simple approximations to the distributions of quadratic forms. [J]. British Journal of Mathematical and Statistical Psychology, 2010, 63(Pt2): 273 – 291.

[59] CHALONER K, VERDINELLI I. Bayesian experimental design: A review[J]. Statistical Science,1995,10(3):273 – 304.

[60] YEDIDIA J S,FREEMAN W T,WEISS Y. Understanding belief propagation and its generalizations[J]. Intelligence,2003,8:236 – 239.

[61] BAGHERI S, SCAGLIONE A. The restless multi - armed bandit formulation of the cognitive compressive sensing problem [J]. IEEE Transactions on Signal Processing, 2015, 63 (5): 1183 - 1198.

[62] PUTERMAN M L. Markov decision processes: Discrete stochastic dynamic programming [M]. New York, NY: John Wiley & Sons, 1994.

[63] MNIH V, KAVUKCUOGLU K, SILVER D, et al. Human - level control through deep reinforcement learning [J]. Nature, 2015, 518 (7540): 529 - 533.

[64] JIANG H, LAI L F, FAN R F, et al. Optimal selection of channel sensing order in cognitive radio [J]. IEEE Transactions on Wireless Communications, 2009, 8 (1): 297 - 307.

[65] GOLDSMITH A, JAFAR S A, MARIC I, et al. Breaking spectrum gridlock with cognitive radios: An information theoretic perspective [J]. Proceedings of the IEEE, 2009, 97 (5): 894 - 914.

[66] KANG X, LIANG Y C, GARG H K, et al. Sensing - based spectrum sharing in cognitive radio networks [J]. IEEE Transactions on Vehicular Technology, 2009, 58 (8): 4649 - 4654.

[67] CHALASANI S, CONRAD J M. A survey of energy harvesting sources for embedded systems [C]//Proceedings of the IEEE SoutheastCon 2008. Huntsville, AL, USA, 2008: 442 - 447.

[68] EL - SAYED A R, TAI K, BIGLARBEGIAN M, et al. A survey on recent energy harvesting mechanisms [C]/Proceedings of the IEEE Canadian Conference on Electrical and Computer Engineering (CCECE). Vancouver, Canada, 2016: 1 - 5.

[69] KU M L, LI W, CHEN Y, et al. Advances in energy harvesting communications: Past, present, and future challenges [J]. IEEE Communications Surveys & Tutorials, 2016, 18 (2): 1384 - 1412.

[70] CHOI K W, ROSYADY P A, GINTING L, et al. Theory and experiment for wireless - powered sensor networks: How to keep sensors alive [J]. IEEE Transactions on Wireless Communications, 2018, 17 (1): 430 - 444.

[71] PARK S, HONG D. Optimal spectrum access for energy harvesting cognitive radio networks [J]. IEEE Transactions on Wireless Communications. , 2013, 12 (12): 6166 - 6179.

[72] CHUNG W, PARK S, LIM S, et al. Spectrum sensing optimization for energy - harvesting cognitive radio systems [J]. IEEE Transactions on Wireless Commun. , 2014, 13 (5): 2601 - 2613.

[73] HOANG D T, NIYATO D, WANG P, et al. Performance optimization for cooperative multiuser cognitive radio networks with RF energy harvesting capability [J]. IEEE Transactions on Wireless Communications, 2015, 14 (7): 3614 - 3629.

[74] PRATIBHA, LI K H, TEH K C. Dynamic cooperative sensing - access policy for energy - harvesting cognitive radio systems [J]. IEEE Transactions on Vehicular Technology, 2016, 65 (12): 10137 - 10141.

[75] CELIK A, ALSHAROA A, KAMAL A E. Hybrid energy harvesting - based cooperative spectrum sensing and access in heterogeneous cognitive radio networks [J]. IEEE Transactions on Cognitive Communcations and Networking, 2017, 3 (1): 37 - 48.

[76]ZHANG D Y,CHEN Z G,AWAD M K,et al. Utility – optimal resource management and allocation algorithm for energy harvesting cognitive radio sensor networks[J]. IEEE Journal on Selected Areas in Communications,2016,34(12):3552 – 3565.

[77]XU C,ZHENG M,LIANG W,et al. End – to – end throughput maximization for underlay multi – hop cognitive radio networks with RF energy harvesting[J]. IEEE Transactions on Wireless Communications,2017,16(6):3561 – 3572.

[78]SULTAN A. Sensing and transmit energy optimization for an energy harvesting cognitive radio [J]. IEEE Wireless Communications Letters,2012,1(5):500 – 503.

[79]LI Z,LIU B Y,SI J B,et al. Optimal spectrum sensing interval in energy – harvesting cognitive radio networks[J]. IEEE Transactions on Cognitive Communications and Networking,2017,3 (2):190 – 200.

[80]YIN S X,QU Z W,LI S F. Achievable throughput optimization in energy harvesting cognitive radio systems[J]. IEEE Journal on Selected Areas in Communications,2015,33(3):407 – 422.

[81]PRATIBHA,LI K H,TEH K C. Optimal spectrum access and energy supply for cognitive radio systems with opportunistic RF energy harvesting[J]. IEEE Transactions on Vehicular Technology,2017,66(8):7114 – 7122.

[82]PRADHA J J,KALAMKAR S S,BANERJEE A. Energy harvesting cognitive radio with channel – aware sensing strategy[J]. IEEE Communication Letters,2014,18(7):1171 – 1174.

[83]ZHANG D Y,CHEN Z G,REN J,et al. Energy – harvesting – aided spectrum sensing and data transmission in heterogeneous cognitive radio sensor network[J]. IEEE Transactions on Vehicular Technology,2017,66(1):831 – 843.

[84]WEBER S,ANDREWS J G,JINDAL N. The effect of fading,channel inversion,and threshold scheduling on ad hoc networks[J]. IEEE Transactions on Information Theory,2007,53(11): 4127 – 4149.

[85]BERTSEKAS D P,TSITSIKLIS J N. Neuro – dynamic Programming [M]. Belmont,MA:Athena Scientific,1996.

[86] DANIELS H, VELIKOVA M. Monotone and partially monotone neural networks[J]. IEEE Transactions on Neural Netwrks,2010,21(6):906 – 917.

[87]MITCHELL T. Machine learning[M]. Maidenhead:McGraw – Hill Education,1997.

[88] CYBENKO G. Approximation by superpositions of a sigmoidal function[J]. Mathematics of Control,Signals and Systems,1989,2(4):303 – 314.

[89]RIEDMILLER M. Neural fitted Q iteration – first experiences with a data efficient neural reinforcement learning method[C]//Proceedings of the European Conference on Machine Learning (ECML). Porto,Portugal,2005:317 – 328.

[90]WANG S X,LIU H P,GOMES P H,et al. Deep reinforcement learning for dynamic multichannel access in wireless networks[J]. IEEE Transactions on Cognitive Communications and Networking,2018,4(2):257 – 265.

[91]MUNOS R,SZEPESVARI C. Finite – time bounds for fitted value iteration[J]. Journal of Ma-

chine Learning Research,2008,9:815 – 857.
[92] SEGURO J,LAMBERT T. Modern estimation of the parameters of the Weibull wind speed distribution for wind energy analysis[J]. Journal of Wind Engineering and Industrial Aerodynamics,2000,85(1):75 – 84.
[93] ARROYO – VALLES R,MARQUES A G,CID – SUEIRO J. Optimal selective transmission under energy constraints in sensor networks[J]. IEEE Transactions on Mobile Computing,2009,8(11):1524 – 1538.
[94] FERNANDEZ – BES J,CID – SUEIRO J,MARQUES A G. An MDP model for censoring in harvesting sensors:Optimal and approximated solutions[J]. IEEE Journal on Selectde Areas in Communications,2015,33(8):1717 – 1729.
[95] SUTTON R S,BARTO A G. Reinforcement learning:An introduction[M]. Cambridge,MA:MIT Press,1998.
[96] ARROYO – VALLES R,MARQUES A G,CID – SUEIRO J. Optimal selective forwarding for energy saving in wireless sensor networks[J]. IEEE Transactions on Wireless Communications,2011,10(1):164 – 175.
[97] LEI J,YATES R,GREENSTEIN L. A generic model for optimizing single – hop transmission policy of replenishable sensors[J]. IEEE Transactions on Wireless Communications,2009,8(2):547 – 551.
[98] MICHELUSI N,STAMATIOU K,ZORZI M. On optimal transmission policies for energy harvesting devices[C]//Proceedings of the Information Theory and Applications Workshop. San Diego,CA,USA,2012:249 – 254.
[99] MICHELUSI N,STAMATIOU K,ZORZI M. Transmission policies for energy harvesting sensors with time – correlated energy supply[J]. IEEE Transactions on Communications,2013,61(7):2988 – 3001.
[100] GEIRHOFER S,TONG L,SADLER B M. A measurement – based model for dynamic spectrum access in WLAN channels[C]//Proceedings of the IEEE Military Communications Conference (MILCOM). Washington,DC,USA,2006:2150 – 2156.
[101] ZHAO Q,TONG L,SWAMI A,et al. Decentralized cognitive MAC for opportunistic spectrum access in ad hoc networks:A POMDP framework[J]. IEEE Journal on Selected Areas in Communications,2007,25(3):589 – 600.
[102] ULUKUS S,YENER A,ERKIP E,et al. Energy harvesting wireless communications:A review of recent advances[J]. IEEE Journal on Selected Areas in Communications,2015,33(3):360 – 381.
[103] CHEN Y X,ZHAO Q,SWAMI A. Distributed spectrum sensing and access in cognitive radio networks with energy constraint[J]. IEEE Transactions on Signal Processsin,2009,57(2):783 – 797.
[104] PRABUCHANDRAN K J,MEENA S K,BHATNAGAR S. Q – learning based energy management policies for a single sensor node with finite buffer[J]. IEEE Communications Letters,

2013,2(1):82 - 85.

[105]KUSHNER H J,YIN G G. Stochastic approximation and recursive algorithms and applications [M]. New York,NY:Springer Science & Business Media,2003.

[106]GARCIA - MARTIN E. Energy efficiency in machine learning: A position paper[C]//Proceedings of the Annual Workshop of the Swedish Artificial Intelligence Society (SAIS) Vol. 137. Linköping:Linköping University Electronic Press,2017:68 - 72.

[107]AGARWAL A,RAJPUT S,PANDYA A S. Power management system for embedded RTOS:An object oriented approach[C]//Proceedings of the 2006 Canadian Conference on Electrical and Computer Engineering. 2006:2305 - 2309.

[108]CORTES C, VAPNIK V. Support - vector networks[J]. Machine Learning, 1995, 20(3): 273 - 297.

[109]GOODFELLOW I, BENGIO Y, COURVILLE A, et al. Deep learning[M]. Cambridge, MA: MIT Press,2016.

[110]SEZGIN M,SANKUR B. Survey over image thresholding techniques and quantitative performance evaluation[J]. Journal of Electronic Imaging,2004,13(1):146 - 165.